U0267371

葡萄酒生活提案

〔法〕 欧菲利·奈曼 著
〔法〕 亚尼斯·瓦卢西克斯 绘
刘畅 译
李焰明 校译

广西师范大学出版社
·桂林·

目 录

今晚，朱丽叶将组织一场聚会。她邀请了她的朋友帕科姆、埃克托尔、科拉莉和保罗。他们将一起畅谈葡萄酒的故事，其实，每个人在这方面都有一些小小的经验：帕科姆学习过品酒；埃克托尔熟悉葡萄酒的种植和酿造过程；科拉莉喜欢旅行，葡萄园对她来说已经不再神秘；保罗自建了一个酒窖。

而朱丽叶呢，她向来是个非常出色的女主人。但不管怎样，她还是得提前为聚会做准备。为了不让客人们失望，她得挑选合适的酒杯和品质上乘的葡萄酒，掌握理想的侍酒温度……而做到这一切并不是那么容易，她需要成功地挑选出既与菜品搭配又符合聚会氛围的美酒。有了这本书，她就能像一名专业侍酒师一样处理这些问题。聚会结束后，朱丽叶还要清洗酒杯、收拾残羹冷炙。如果还剩下一点葡萄酒没有喝完也不要紧，她知道怎样保存剩酒，也了解如何巧用剩余葡萄酒制作美味菜肴。特别是，有了这本书，朱丽叶一定不会忘记那些解酒的小妙招。而此时的她还正在构想：是不是应该组织一个充满惊喜的盲品酒会比较好呢？

本章献给所有和朱丽叶一样，希望轻轻松松成功组织聚会的朋友们。

如何组织一场
完美的酒会

聚会前·聚会中·聚会后

聚会前

如何选择酒杯？

以下是餐桌上最常见的几种玻璃杯

1. 水杯 用来喝水的杯子。不可用于盛放葡萄酒，除非酒的品质可以完全忽略不计。因此用它来盛放劣质葡萄酒也未尝不可。

2. 碟形香槟杯 外观精致，但不利于保留香槟的芳香。它的外形象征着蓬皮杜侯爵夫人的左胸，相传第一只香槟酒杯便是据此铸造而成。

3. 笛形香槟杯 这是品尝香槟的理想酒杯，也可以用来临时盛放气味清雅、口感活跃的白葡萄酒或开胃酒，如基尔酒［Kir］、波特酒［Port］、马德拉酒［Madère］、鸡尾酒……

4. 标准品酒杯，又称 INAO 杯 做工精良，但容量很小，是品酒师们偏爱的酒杯。这种酒杯在巴黎的酒吧中很常见，虽然外观并不出众，但价格合理，适用于品尝各类葡萄酒。

5. 勃艮第杯 小口大肚，适用于盛放勃艮第葡萄酒，也适用于其他白葡萄酒或新酿制的红葡萄酒。向内收窄的杯口设计有助于凝聚酒香。

6. 特级勃艮第杯 专为名贵勃艮第葡萄酒而设计。略显肚形的杯身能够凝聚葡萄酒的香气，并将其从杯口释放出来。

7. 波尔多杯 郁金香形状的高脚杯，适用于各种葡萄酒，但轻淡的白葡萄酒除外。与勃艮第杯不同的是，这款酒杯的杯肚略窄，相对较宽的杯口可以令酒香在你的口中尽情释放。因此，它更适于饮用酒体丰满的葡萄酒。

8. 多用途酒杯 与波尔多杯外形相同，但体积略小，适用于清雅的或浓郁的白葡萄酒、新酿制的甚至陈年的红葡萄酒，也适用于口感浓烈的香槟。总之，这款酒杯虽然没有什么特别之处，但其适用性相当广泛。

9. 带装饰的彩色酒杯 珍贵也好，媚俗也罢，总之这种酒杯用处不大，尤其不适合用来品酒。因为它不仅掩盖了美酒的色泽，而且糟蹋了美酒的香气。不如把它当作一个小花瓶或者烛台来使用吧，除非它对你来说有某种特殊的情感意义。

葡萄酒生活提案

高脚杯的妙用

高脚杯的两个作用

保持葡萄酒的凉爽：高脚杯那细长的脚是为了让手有所把持，从而避免手直接接触杯壁而影响酒的温度。温热的手指握在杯壁上，就像个小暖水袋，会把酒体加热，从而影响葡萄酒的口感。

释放酒香：球状酒杯可以使酒香自由地散发出来，充盈于口鼻中，从而使我们更好地品味完整的香气。

　　相反，无脚杯则容易使酒香迅速飞出，很快便挥发掉了。这相当可惜，尤其是当你买了一瓶品质上乘的葡萄酒时。

如果只能选择一种酒杯，该如何选择呢？

可以选择一个小的波尔多杯或者一个大的多用途酒杯，因为这两种酒杯适合在任何场合品尝任何种类的葡萄酒。尽量不要选择太小的酒杯，因为它会阻碍红葡萄酒香气的散发。但也不能选择太大的酒杯，因为剧烈的摇晃会破坏脆弱的白葡萄酒的酒体。

还有很多其他类型的酒杯，有些还有着稀奇古怪的造型。这些酒杯的设计通常是为了展现葡萄酒的某种特点。比如法国的顶级品牌 Chef & Sommelier 绽放系列［Open up］多功能葡萄酒杯，其多角形的杯肚设计能够瞬间"开启"葡萄酒，使酒香充分释放出来。若你偏爱香醇的或是雅致的葡萄酒可以选择这款酒杯。

选择玻璃杯还是水晶杯？

为什么水晶杯堪称酒杯中的极品？

水晶杯通常雕琢精美，外壁纤薄如纸。与那些粗劣的酒盅及其厚厚的杯壁完全不同，水晶杯的杯口可以给人的味蕾带来轻盈雅致的感受，人们在品味葡萄酒的同时几乎忘记了杯子的存在。水晶杯的其他优势还有：与玻璃杯相比，水晶杯因其杯壁纤薄而不易传导热量，因此能够长时间地保存葡萄酒的最佳温度。特别是，水晶杯内壁的凹凸程度更高，因此，当你晃动酒杯，使旋转的酒液与空气充分接触时，酒液更容易挂在杯壁上，从而更好地释放酒香。但是，我们不建议毛手毛脚的人使用这种酒杯，原因自然是水晶杯往往价格昂贵。当然，如果你家里的酒杯比葡萄酒还多的话，那碎了也无妨。此外，在水晶杯的加工过程中，还使用了一些新型材料，这样可以在兼顾耐磨性的同时，使酒杯看起来更加梦幻。

如何组织一场完美的酒会

各种各样的开瓶器

你的抽屉里有什么样的开瓶器？这个问题的答案与你的个人喜好、耐心、预算有关，而和你本人有多大力气没有太大关系。

开瓶器的组成部件很简单：一个螺丝钻和一个把手。为了避免破坏瓶塞，尽量选择一个中空的、非球形的螺旋钻头。需要注意的是，如果螺丝钻过短，可能会造成瓶塞断裂。

传统的翼形开瓶器

它的使用方法很简单，只需要将螺丝钻旋入木塞，按下双臂，酒塞即被拔出。这种开瓶器往往价格低廉，虽然不耐用，但具有省力、高效的优点。唯一的不足之处在于，它的螺丝钻容易刺穿木塞，导致软木屑掉到酒液里。在此类开瓶器中，人们更喜欢使用双翼型的，在沿同一方向转动手柄的同时，开瓶器的底座可以起到杠杆的作用。

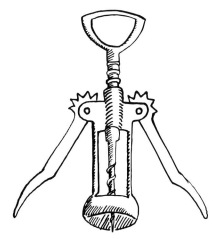

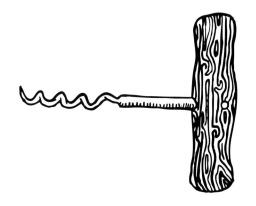

T形开瓶器

这种开瓶器没有杠杆，只有一个把手，需要用力将螺丝钻旋入软木塞。如果没有足够的力气将螺丝钻拔出的话，也就无法喝到瓶里的酒了。实际上，这种开瓶器可以用来考验一个人有多大力气。所以，也可以称之为"费力型开瓶器"。

兔耳形开瓶器

这是一种快速开瓶器，即使是90岁高龄的老爷爷一连开启20瓶酒，都不会扭伤手腕。其弊端是体积偏大，价格偏高，开瓶时需要始终保持同一姿势，无法调整角度。

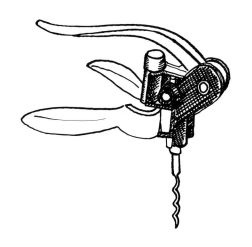

侍者开瓶器

有的侍者开瓶器还配有一个瓶盖起子，也叫"标准开瓶器"。这是餐厅里常见的开瓶工具，也是大多数人偏爱的，因为它可以根据具体情况适时适度地开启瓶塞。还可以把它放进衣服口袋里［或手提包里］，以备不时之需。需要注意的是，为了使它充分发挥作用，要选择带有两个起塞支点的结实的开瓶器，这样可以减少拉力，避免瓶塞变弯。

ー4ー

双片开瓶器［老酒开瓶器］

ー5ー

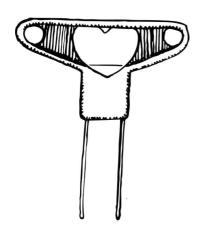

这是陈年老酒爱好者们的"秘密武器"。此类开瓶器并不常见，其特点是没有螺丝钻，完全不会对软木塞造成损伤。它要求开瓶者具有较高的技术水平，你首先要将两个铁片沿着软木塞和酒瓶边缘的缝隙缓缓插入，然后轻轻地边旋转边慢慢向上拔出木塞。如果操作不当，可能会将瓶塞推入酒瓶，而对于那些木塞脆弱的老酒而言，相比软木塞被捣烂的风险，这只是小事一桩。

糟糕！我把木塞弄断了！

不要惊慌。你有两种解决办法：如果手边有侍者开瓶器，你可以将螺丝钻以一定角度倾斜旋入木塞，避免扩大孔洞使木塞破碎，在瓶壁卡紧木塞后，将其竖直拉出。

如果没有侍者开瓶器，不妨直接将木塞推入瓶中［当心酒液溅出］，然后迅速将酒倒灌在一个长颈大肚玻璃瓶中，以避免软木塞污染酒液。

方法 1

方法 2

如何组织一场完美的酒会

没有开瓶器时的开瓶方法

最糟糕的事情莫过于，当一切准备就绪时，却发现没有开瓶器。这里提供几种不用开瓶器的开瓶方法供你选择。

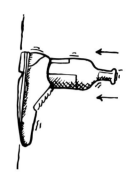

—1—

将软木塞推入酒瓶中：这种做法的前提是，你能够立刻将酒倒入一个长颈大肚玻璃瓶中，避免软木塞污染酒液。但这种方法很冒险，因为软木塞会在3分钟之内迅速破坏酒的味道。

—2—

自制临时开瓶器。这种方法尤其适合那些善于灵机应变，或者喜欢DIY的朋友们，它保证能让你在聚会上赢取一片赞叹。这种方法的关键在于找到一个能够钩住软木塞的东西，然后制作一个把手。比如，螺丝钉和钳子就很合适。我曾亲自试验并证实过这种方法：在一次聚会上卸下微波炉上的一颗螺丝钉，然后将它和一把剪刀配合使用。就这样，打开了4个酒瓶，令朋友们佩服不已。

—3—

依靠压力取出瓶塞。为此，你要找到一面墙或者一棵树，用一只鞋跟是木制的或橡胶的方根鞋作为工具。首先，去掉瓶口的金属帽，露出瓶塞。把瓶子放进鞋里，瓶身与鞋底垂直，然后用力敲击鞋跟［同时攥住酒瓶］。敲击产生的震动会由鞋底传到瓶身，进而向外推动瓶塞。敲击七八下后，瓶塞足以抽离出来。需要注意的是，酒液有时会在压力的作用下从瓶内溢出。另外，建议你用一块抹布保护双手，以免受伤。不太建议使用这种方法，除了因为比较危险之外，还会造成酒液的剧烈晃动，从而可能会损伤酒的品质。但在户外野餐时，这不失为一种简单实用的方法。

如果你购入的是一瓶螺旋盖封口的葡萄酒，这表明你很幸运或者很有先见之明。你不必再苦苦寻找开瓶器了，只需要拧开瓶盖即可。

◀ 4 ▶

如何开香槟？

如果经验不足，打开香槟时很容易造成可怕的后果，比如打到小宝贝的眼睛，或者打碎奶奶的花瓶。但是有了以下几个简单的步骤，我们就能轻轻松松地开香槟了。

1 开启前不要摇晃酒瓶。如果你刚到家，而且是把香槟放在手提袋里，甩着胳膊走回来的，那么你需要将香槟在阴凉处静置一个半小时以上。

3 不要拔出瓶塞，而是要旋转酒瓶！用手掌牢牢按住瓶塞，防止其飞出，同时慢慢转动酒瓶。这时，我们能够感觉到瓶塞正在缓缓地向外推出，可以适当地调整姿势来控制瓶内气体的压力。

2 一旦将套在香槟瓶塞上的铁丝扣去掉后，就要用拇指按住瓶塞，不要让它喷射出去。

4

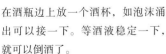

5 在酒瓶边上放一个酒杯，如泡沫涌出可以接一下。等酒液稳定一下，就可以倒酒了。

PLOP

不要松手！按住瓶塞直至其和酒瓶完全分离。如果操作正确的话，会听到优雅的"砰"的一声。

什么场合选择什么酒

这并没有严格的规定。实际上，一切依据你个人的喜好而定，但葡萄酒的选择多多少少会影响聚会的气氛。

适宜：

优雅气氛：勃艮第红葡萄酒［夜丘，Côte de Nuits］或勃艮第白葡萄

酒［夏布利，Chablis］。

轻松气氛：波尔多白葡萄酒。

幸福美满的氛围：托斯卡纳红葡萄酒。

情欲气氛：卢瓦尔河谷白葡萄酒［白诗南，Chenin］。

性感气氛：罗讷河谷红葡萄酒。

喜爱甜食者的最爱：甜白葡萄酒。

不宜：

品质一般或较差的红葡萄酒。这样的葡萄酒喝下去以后把牙齿都染

黑了，一定不会给对方留下好印象。

浪漫晚餐

疯狂派对

适宜：

起泡酒：经典酒庄出产的干型非年份香槟酒；勃艮第、阿
尔萨斯、卢瓦尔河谷等地出产的克雷芒［Crémant］；西班牙
卡瓦酒［Cava］。

白葡萄酒：产自法国奥克地区［Pays d'Oc］的霞多丽
［Chardonnay］酿造的白葡萄酒。

红葡萄酒：朗格多克［Languedoc］或智利的红葡萄酒［富
含果味或甜味］。

不宜：

精致的顶级葡萄酒：在平底大口杯里，酒会失去原有的韵味。

正式会餐

［家族聚会或商务场合］

适宜的白葡萄酒：

为了壮大排场：默尔索［Meursault，勃艮第］

为了明确目标、实现理想：科西嘉白葡萄酒。

适宜的红葡萄酒：

理想女婿：圣埃米利永［Saint-Émilion，波尔多］。

强强联手：邦多勒［Bandol，普罗旺斯］。

脚踏实地：希农［Chinon］或布尔格伊［Bourgueil，卢瓦尔河］。

诚信为本：墨贡［Morgon，博若莱］。

朋友小聚

适宜：

不知名的产区酒：都兰［Touraine］的雅斯涅尔［Jasnières］，卡迪亚克［Cadillac，产自波尔多的浓甜白葡萄酒，适合汽车爱好者］，或贝尔热拉克［Bergerac］的佩夏蒙［Pécharmant］。

被遗忘的葡萄品种酿造的酒：西南产区的莫札克［Mauzac］、朱朗松［Jurançon］，或科西嘉岛的涅露秋［Nielluccio］。

寂寂无闻的好酒：以泡渣法酿制的蜜斯卡岱［Muscadet，产自卢瓦尔河谷，要在较好的葡萄酒专卖店里购买］，或博若莱的希露博［Chiroubles］。

令人热血沸腾的葡萄酒：普罗旺斯桃红葡萄酒。

不起眼儿的葡萄酒：西班牙里奥哈［Rioja］红酒。

不宜：

超市里廉价的波尔多葡萄酒：这会给人留下吝啬鬼的印象。

加味葡萄酒：你到了喝酒的年纪了吗？

重要时刻

要庆祝这一时刻：白中白香槟［Blanc de Blancs］。

家里添了新成员：普里尼-蒙哈榭［Puligny-Montrachet，勃艮第白葡萄酒］。

我会一直等你：玻玛［Pommard，勃艮第红葡萄酒］。

你愿意嫁给我吗：香波-慕西尼［Chambolle-Musigny，勃艮第红葡萄酒］。

朋友，是最珍贵的：罗第丘［Côte-Rôtie，罗讷河谷红葡萄酒］。

重要纪念日：波雅克［Pauillac］、圣朱利安［Saint-Julien］或玛歌［Margaux，波尔多红葡萄酒］。

我是最棒的：巴罗洛［Barolo，意大利北部皮埃蒙特区］。

 一人独处时呢？

如果你一人独处，最好喝一瓶已经开封的葡萄酒。这样，你不仅可以把剩酒喝完，更重要的是，可以感受下葡萄酒所发生的变化。没有必要重新打开一瓶好酒，因为没人分享好酒带来的欢乐，你可能会因此而感到愈加孤独……

如何组织一场完美的酒会

何时开瓶？

即将上菜：
这时可以打开以下几种葡萄酒：干白葡萄酒、带果香的白葡萄酒、清雅的红葡萄酒、微起泡酒、起泡酒、经典香槟酒。你需要将这些葡萄酒倒入酒杯中使之与空气接触，进行醒酒。

上菜前1小时：
几乎所有葡萄酒，无论是红葡萄酒还是白葡萄酒［起泡酒除外］，都最好在开饭前1小时开启。你只需要打开瓶塞，将酒瓶放在阴凉处即可。

上菜前3小时：
法国、智力、阿根廷的初酿或烈性红葡萄酒，以及产自意大利、西班牙、葡萄牙的某些结构紧实的葡萄酒都可以在这时开启。某些口感极强劲的，尤其是新酿制的酒，甚至可以在开饭前6小时就打开，3小时后倒入醒酒器。

为什么要醒酒？

氧气既是葡萄酒必不可少的伴侣，也是它最致命的敌人。和氧气接触后，葡萄酒开始长大、成熟……然后慢慢老去。事实上，氧气可以对葡萄酒施加一种特殊的力量，那就是：加速时间的流逝。

葡萄酒与空气
葡萄酒也需要"呼吸"：在酒瓶中，软木塞的透气性可以使酒液与氧气保持接触。
在酒杯中，当葡萄酒与空气充分接触时：酒香得以绽放，葡萄酒中的单宁慢慢氧化。对于口感清雅的葡萄酒而言，这便足够了。

葡萄酒与醒酒器
有时候，为了让葡萄酒"敞开心扉"、"恢复活力"，需要彻彻底底地将它与空气进行接触。这时候，长颈大肚瓶便成了醒酒的必需品。葡萄酒的强度和复杂性越高，其成分在口中溶解得就越充分。当然，我们完全可以把白葡萄酒和香槟也进行醒酒！与红葡萄酒相比，白葡萄酒对氧气更加敏感。但那些在橡木桶中酿造的醇厚强劲的白葡萄酒［比如，产自加利福尼亚、勃艮第、罗讷河谷的顶级白葡萄酒或一些非同寻常的香槟酒］若能够放在醒酒器中进行短暂的醒酒，口味更佳。

老酒与空气
老酒的香味与单宁已经在酒瓶里经过了长时间的历练，无需再与空气进行充分接触了。相反，过于猛烈的氧化可能导致脆弱的酒香消失殆尽。

葡萄酒生活提案

醒酒还是滗酒？

醒酒的目的是让葡萄酒与空气接触，而滗酒则可以使酒瓶中的沉淀物与酒液分离。新酿制的葡萄酒需要醒酒，陈年老酒则需要滗酒。无论是哪种情况，我们都要将葡萄酒全部倒入一个玻璃瓶中。

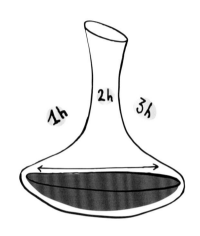

入瓶醒酒

为什么要醒酒？
醒酒可以让葡萄酒释放其原有的芳香，还能够去除初酿红葡萄酒里所带有的奇怪味道。

如何醒酒？
根据酒的强度，我们需要在开饭前 1 个小时，甚至 3 个小时，将酒瓶内的酒液完全倒到醒酒器中。倒酒的时候尽量把酒瓶抬高，这样可以最大限度地使酒液与空气接触。还可以晃动醒酒器，加速醒酒过程。

选择什么样的醒酒器？
要选择长颈大肚形的醒酒器，这样可以为葡萄酒和空气提供足够大的接触面积。

滗析

为什么要滗酒？
滗酒在任何情况下都不属于必需的侍酒程序，而且它的操作过程需要很有耐心。
随着时间的流逝，葡萄酒中的单宁和着色因子会慢慢析出，从而在酒瓶内形成沉淀物。
滗酒的目的在于防止将沉淀物随酒一起倒入客人的酒杯中。

如何滗酒？
首先要在开饭前的几个小时，将酒瓶直立放置，让沉淀物聚集到瓶底。然后，要在光线明亮的地方非常谨慎地将酒液注入滗酒器。一旦瓶颈处出现黑乎乎的沉淀物，便停止倒酒。滗酒后要立刻斟酒、饮用，不要等待。要知道，滗酒过程应该在侍酒前的几分钟之内完成，因为氧气可能会迅速破坏老酒的品质。

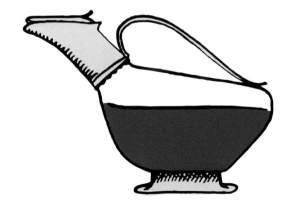

选择什么样的滗酒器？
应该选择瓶身细狭的窄口玻璃瓶，这样可以限制老酒与空气的接触。

如何组织一场完美的酒会

最佳的侍酒温度

葡萄酒的侍酒温度很重要，它可以影响葡萄酒的香气和口感。不妨来做个试验：在8℃和18℃下品尝同一款葡萄酒，你会觉得这是两款完全不同的葡萄酒。一款葡萄酒若在不适宜的温度下品鉴，有可能变得相当难入口，一定要警惕这一点！

高温可以突出酒香，使葡萄酒口感醇厚，酒精味重。但侍酒温度过高会造成葡萄酒口感厚重、黏腻，甚至令人作呕。

为什么我们不能在同一温度饮用所有的葡萄酒呢？因为侍酒温度要与葡萄酒的特性相符合。对于一款淡雅的干白葡萄酒来说，我们品味的是它的酸味和清爽感。因此，此类葡萄酒需要在低温下饮用。而对于一款强劲浓烈的红葡萄酒而言，我们希望缓和葡萄酒中的单宁成分，使得葡萄酒的口感变得更加顺滑。因此，此类葡萄酒要在相对高一些的温度下饮用。

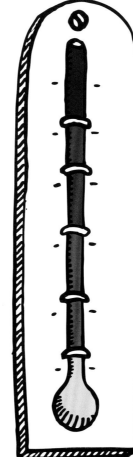

20℃及以上：不适合任何一款葡萄酒

16—18℃：口感强劲的红葡萄酒

14—16℃：口感柔和、果香十足的红葡萄酒

11—13℃：口感强劲的白葡萄酒、顶级香槟、清雅的红葡萄酒

8—11℃：浓甜葡萄酒、中途抑制发酵的桃红葡萄酒、带果香的白葡萄酒

6—8℃：起泡酒、香槟、有刺激感的干白葡萄酒

低温掩盖了酒香，突出了葡萄酒中单宁的酸涩感。侍酒温度过低会造成葡萄酒口感干涩、乏味，缺少香气。

侍酒温度宁低勿高

葡萄酒的侍酒温度宁愿偏低一点也不要偏高，这是因为葡萄酒在酒杯中会迅速升温［一旦倒入酒杯，葡萄酒的温度会在15分钟内上升4℃］。

词汇扩展

"在室温下饮用"是什么意思？这是指把一瓶葡萄酒放在室内，使它的温度渐渐和室温趋同。但要注意的是：这个表达方式是在室温为17℃时的旧时代创造出来的！

如何快速降温？

一般情况下，你的葡萄酒是放在一间凉爽，甚至寒冷的屋子里储存的。

一般情况下，你不会将葡萄酒储存在室温超过 18℃ 的地方，最佳存放温度通常为 15℃。

如果现在情况并非如此，你该怎么办呢？

3

只有不到 1 个小时的准备时间

可以利用以下这种快捷的办法：向水桶中倒入半桶凉水、半桶冰块；在水中加入一小把盐，盐能够加速水温降低。

1

还有 2—3 个小时的准备时间

可以把酒放到冰箱里，根据适饮温度调整存放时间。

2

还有 1 个小时的准备时间

你可以把酒瓶浸入到一个装满凉水的水桶中，并加入冰块。这个方法和把葡萄酒放入冰箱里一样奏效。

其他办法：把一块抹布浸透在凉水中，用抹布裹住酒瓶，再放冰箱。这个方法的原理在于，湿布可以加速酒的冷却。

如何组织一场完美的酒会

聚会中

客人带来一瓶葡萄酒，怎么办？

一位客人到了，手里拿着一瓶葡萄酒。接下来你该怎么做呢？你应当向客人表示感谢并了解他的想法；如果客人想在晚餐上品尝自己带来的葡萄酒，你不要拒绝；如果这瓶葡萄酒并不适合今天的晚餐，你可以把它放在一旁，拿出事先准备的葡萄酒；如果客人表示这是一瓶"越陈越香的好酒"，你可以把葡萄酒存放在阴凉处，几年之后再邀他一起品尝；如果客人没有表达明确的想法，你可以自行判断他的葡萄酒是否适合这次聚会。

客人的酒不适合此次聚会

如果客人带来的酒不适合今晚聚会的气氛［比如更适合那些使用平底大口杯品酒的聚会］，可以把它安排在更合适的场合饮用。

如果客人带来的酒与晚餐不搭配［比如口感强烈的红葡萄酒搭配鱼类，或白葡萄酒搭配牛排］，可以把酒留到下次聚会时再品尝，并且计划一次特别适合饮用这款葡萄酒的聚餐。

客人的酒适合此次聚会

一瓶香槟或其他起泡酒

如果侍酒温度够低，可以将它作为开胃酒。

如果侍酒温度不够低，可以把酒留到下次再品尝。

如果恰好有一道与之搭配的头盘，可以用快速冷却法把葡萄酒冰镇一下。

如果，仅仅是如果，这是一款甜起泡酒，可以把酒放在阴凉处，待餐后甜点时饮用。

一瓶干白葡萄酒

如果侍酒温度不够低，可以用快速冷却法把酒冷却，并在上头盘时侍酒，前提是如果头盘不是油醋汁沙拉。

如果主菜是鱼类、白肉类或没有番茄的面条，可以在上菜时侍酒。

还可以用奶酪来搭配干白葡萄酒。

▼ 一瓶红葡萄酒

需要把它放在阴凉处，比如在窗台上或冰箱中放置半个小时，然后搭配红肉类或红肉汁类的菜品饮用。

带瓶与菜品相宜的好酒去赴约

建议：如果你打算自带一瓶葡萄酒参加聚会，最好在聚餐的前一晚给主人打电话，了解菜品的种类……然后根据菜品选择适合的葡萄酒赴约！

◀ 一瓶甜白葡萄酒

你可以把酒放在冰箱中，在餐后甜点时饮用。

侍酒顺序

侍酒顺序很重要，如果这一杯酒让你开始怀念上一杯酒的味道，这可不是该出现的情况！为了避免此类风险，应特别注意，不要让错误的侍酒顺序刺激、麻痹、遏制、扰乱我们的味蕾。

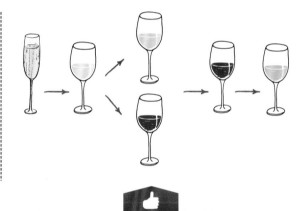

以下是一些失败的侍酒顺序的例子，前一瓶酒会直接干扰到下一瓶酒的味道：

- 甜型葡萄酒在干型葡萄酒之前
- 以侍酒温度较高或口感厚重的葡萄酒作为开始
- 浓郁的葡萄酒在清淡的葡萄酒之前
- "朝气蓬勃"的新酒在"温婉柔和"的老酒之前

传统的侍酒顺序是从酒体轻盈的向酒体浓厚的过渡：

- 干气泡酒
- 干白葡萄酒
- 浓郁的白葡萄酒或清雅的红葡萄酒
- 浓郁的红葡萄酒
- 甜酒［利口酒］

如果酒体相似怎么办？

按照先老酒后新酒的顺序，因为老酒的口感通常更加细腻。在品酒时，人们经常将顺序反过来，如果在不吃东西的情况下，这不会对味蕾造成太大的刺激。

如何组织一场完美的酒会

如何侍酒？

开启一瓶葡萄酒时，在给宾客们斟酒之前，请先往自己的酒杯中倒出一点。这一礼貌性的做法有两点目的：一是把可能掉入酒瓶中的软木塞的残渣倒出来，二是主人首先尝尝葡萄酒的味道，以确保酒没有变质。当然，如果已经事先品尝过了，并且把葡萄酒倒入了醒酒器中，自然可以省略这个步骤。

像上菜一样，应该先为女士斟酒［从最年长的到最年轻的］，然后为男士斟酒［顺序同前］。

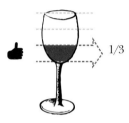

斟酒的量不要超过酒杯的1/3。这样做的目的并不是为了控制客人的饮酒量，而是让葡萄酒得以在酒杯中尽情地"呼吸"，让酒香充分释放。这样可以确保客人在良好的条件下品尝葡萄酒的美味。

如果条件允许的话，最好在每个酒杯旁边放一杯水。

在客人的酒杯喝空之前，可以询问是否需要为他添酒。如果客人拒绝，不必再坚持。

避免酒液滴到别处

每次倒完葡萄酒时，总有一滴酒会顺着酒瓶流下来，这很令人恼火。这滴酒顺着瓶身往下流，然后便自然而然地落在桌布上。为了解决清洗桌布带来的烦恼，这里为你提供 3 种解决办法：

预防：在桌子上放一个瓶托。可以在市面上买到一些不锈钢或银质的瓶托，非常漂亮。也可以用咖啡杯的托盘代替。这样，酒液就会顺着瓶颈流到托盘上，这样就不必再担心酒滴污染台面了。重要的是，斟酒前不要忘了把酒瓶放在瓶托上。

小工具：现在市面上有很多新奇的小工具用来吸收或清除恼人的酒滴。比如，在瓶颈处放置一个不锈钢和棉绒材质的圆环，它能够吸附倒酒时顺瓶颈流下的酒液。还有一种很实用的工具，叫"防滴片"，它是一个呈金属光泽的薄片，你只需要将其卷起插入瓶口即可，它能够有效避免残酒漏出和滴落。

手控：这种方法需要一点技巧和熟练度。倒完葡萄酒时，要一边转动酒瓶，一边将酒瓶竖起，这样，酒液就可以回流到酒瓶中了。

如何搭配菜品？

酒菜搭配

酒与菜的搭配就好比一次新婚：如果结合成功，双方会因彼此而"心花怒放"，酒菜的味道也显得比单独享用时更加美味。如果失败，轻则双方互不干扰，差则双方你争我夺，从而失去了各自的优势。为了对这场"婚姻"做出预判，如果可能的话，最好首先在厨房单独品尝一下葡萄酒，然后搭配菜品再次品尝，看看葡萄酒的味道究竟如何。要注意，味道的联姻，准确地说，首先是一个口味的问题。你所喜欢的搭配并不一定是你的邻座也喜欢的。

在以下文字中，你将看到一些酒菜搭配的原则和建议，这有助于你实现餐桌上的经典搭配。当然，是否遵从这些原则，或是你希望尝试其他搭配，一切都取决于你自己！

色彩搭配

实现成功搭配最简单的秘诀就是：色彩协调。

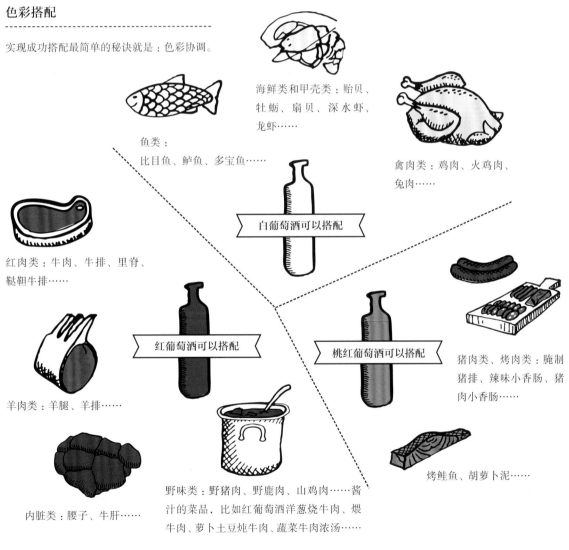

鱼类：
比目鱼、鲈鱼、多宝鱼……

海鲜类和甲壳类：贻贝、牡蛎、扇贝、深水虾、龙虾……

禽肉类：鸡肉、火鸡肉、兔肉……

白葡萄酒可以搭配

红肉类：牛肉、牛排、里脊、鞑靼牛排……

红葡萄酒可以搭配

桃红葡萄酒可以搭配

羊肉类：羊腿、羊排……

猪肉类、烤肉类：腌制猪排、辣味小香肠、猪肉小香肠……

内脏类：腰子、牛肝……

野味类：野猪肉、野鹿肉、山鸡肉……酱汁的菜品，比如红葡萄酒洋葱烧牛肉、煨牛肉、萝卜土豆炖牛肉、蔬菜牛肉浓汤……

烤鲑鱼、胡萝卜泥……

如何组织一场完美的酒会

地域的搭配

遇到某地的标志性食物，尤其当它是一道菜的主料时，首先要考虑用一瓶产自相同地区的葡萄酒来与之搭配，例如：用阿尔萨斯的雷司令［Riesling］或白皮诺［Pinot Blanc］搭配腌酸菜；用卡奥尔［Cahors］红葡萄酒搭配什锦砂锅，用汝拉［Jura］黄酒搭配干酪片，用西班牙红葡萄酒搭配西班牙什锦饭，用波雅克葡萄酒搭配波雅克羊羔肉……

风味对比的搭配

这样做的目的与其说是酒菜搭配，不如说是为了给客人带来意外惊喜，让人们发现全新的酒香和不一样的口感。由此，一种新的口味在菜与酒的碰撞中应运而生。最出人意料的搭配往往来自于那些我们不常喝的葡萄酒：起泡酒、利口酒、加强型葡萄酒。

风味协调的搭配

可以选择口味相近的葡萄酒与菜品进行搭配，例如：风味浓郁的葡萄酒搭配风味浓郁的食物，干型葡萄酒搭配没有甜味的食物。总之，物以类聚：有矿石味的蜜斯卡岱或夏布利与牡蛎搭配，波萝味的苏玳［Sauternes］甜酒与法式萝卜派搭配，浓郁的葡萄酒与重口味的菜品搭配，清雅的葡萄酒与清淡的菜品搭配。如果你是用一瓶葡萄酒烧了菜，别忘了也把它拿到餐桌上来一起饮用，或者选一瓶相同产地、相同品种的葡萄酒作为搭配。

几种大胆的搭配

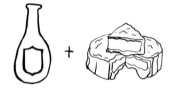

初次发酵的香槟［或上好的克雷芒］搭配柔软的卡芒贝尔［Camembert］干酪。酒的气泡可以中和奶酪的脂肪。也可以用苹果起泡酒来尝试此类搭配。

汝拉黄酒搭配咖喱鸡。咖喱的香味会影响酒的味道，还会伴有苹果、核桃和果干的香气。

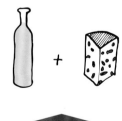

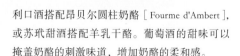

利口酒搭配昂贝尔圆柱奶酪［Fourme d'Ambert］，或苏玳甜酒搭配羊乳干酪。葡萄酒的甜味可以掩盖奶酪的刺激味道，增加奶酪的柔和感。

芳醇的葡萄酒搭配泰国菜［或烤鸭］。我们当然可以将亚洲人偏爱的甜咸口味结合起来。另外，如果是一盘很辣的菜，甜葡萄酒有助于"降火"，缓和辛辣的味道。

"杀手级"食物

有些食物并不适合和葡萄酒同时出现。它们不仅不会给葡萄酒加分，相反，还有极大的破坏力。

油醋汁会把葡萄酒折腾得半
死不活

一盘蔬菜沙拉会让葡萄酒
头晕目眩，接近昏厥

蒜是掐死葡萄酒的元凶

朝鲜蓟、苦苣、大葱、菠菜是连环杀手

柚子是敢死队队员，会与葡萄酒同归于尽

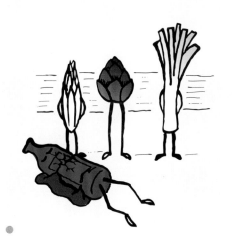
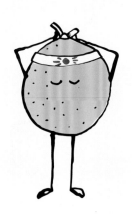

以下尝试同样可能会令你大失所望：

▶ 用高单宁的红葡萄酒搭配鱼类或甲壳类食物，清雅柔顺的红葡萄酒［卢瓦尔河谷、勃艮第、博若莱］则能够与海产品和平相
处，但鱼肉会给高单宁的葡萄酒带来严重的金属味。

▶ 用干白葡萄酒搭配甜点。这会使葡萄酒的味道变得更加干涩，破坏甜点的口感。

品酒小常识

品酒的重点在于，能够用嗅觉和味觉比较出葡萄酒之间的不同。

在入门阶段，要学会区分两款截然不同的葡萄酒。进而，随着经验的积累，你会慢慢成为深谙品酒之道的大师。除特殊情况外，每次品酒时，要注意选择两瓶价格相同的葡萄酒：一般的葡萄酒每瓶约 10 欧元，更好一点的葡萄酒每瓶约 25 欧元［虽然看起来比较贵，但如果 5 个人的聚会，买上 2 瓶，相当于每人只需花费 10 欧元］。

入门级的品酒者

较好红葡萄酒

25 欧 / 瓶

波尔多葡萄酒与勃艮第葡萄酒的品鉴。选择两瓶年份相当的葡萄酒。一般情况下，波尔多和勃艮第的差异会在口鼻之间立刻显现出来：在气味上，勃艮第葡萄酒充满了樱桃、草莓、李子等红色鲜果的香味，甚至还带有些许蘑菇味；而波尔多葡萄酒则散发出黑茶藨子、紫罗兰、烟草、皮革以及黑色水果的味道。在口感上，波尔多葡萄酒含有更多单宁的味道，口感更丰富；而勃艮第葡萄酒的酸度更高、口感细腻轻盈。

普通红葡萄酒

10 欧 / 瓶

布尔格伊红葡萄酒与凯拉纳［Cairanne］葡萄酒的品鉴。前者产自卢瓦尔河谷，主要以法国南部吉伦特地区纯正的红葡萄品种酿造；后者产自罗讷河谷南部，主要以西拉［Syrah］葡萄和歌海娜［Grenache］葡萄酿造。布尔格伊红葡萄酒散发出黑樱桃、覆盆子、甘草的香气，有时还带有甜椒的气息，其口感清爽干脆。凯拉纳葡萄酒有黑樱桃、桑葚、胡椒及其他香料的气味，其口感浓郁、甘甜、饱满，比前者更强劲。

经典白葡萄酒

12—15 欧 / 瓶

波尔多葡萄酒与勃艮第的伯恩丘［Côte de Beaune］葡萄酒的品鉴。前者由长相思［Sauvignon］和赛美蓉［Sémillon，有时用蜜斯卡岱］酿造而成，带有浓郁的柠檬和椴花的香气，有时还带有菠萝的味道。相反，由霞多丽酿造的勃艮第葡萄酒，其气味更加清淡，散发出一种洋槐、柠檬蛋白酥以及黄油的味道。在口感上，前者活跃爽清，后者丰厚醇香。

不同年份之间的比较

新酒 10 欧 / 瓶
老酒 18 欧 / 瓶

新酒与老酒的品鉴。选择两瓶相同产地、相同名称，最好是同一葡萄产区的葡萄酒。尽量选择小产区的葡萄酒［比如，选择波美侯（Pomerol）而不选波尔多，选择夏布利而不选勃艮第］。两瓶葡萄酒的酒龄要至少相差 5 年。新酒中常含有果香、花香和植物香味；老酒则没有太多的果香和植物味，而是带有皮革、烟草、蘑菇、毛皮等气味。从口感上说，新酒更活跃，老酒更温和。

经验丰富的品酒者

在几个产区之间玩"跳山羊"

比较几种不同的勃艮第白葡萄酒：一瓶夏布利、一瓶默尔索、一瓶圣韦朗［Saint-Véran］。衡量它们的差异性：夏布利的简洁，默尔索的广博，圣韦朗的纯朴。还可以用吉伦特河畔的葡萄酒作比较。你不妨比较一下优雅的梅多克［Médoc］葡萄酒和精妙灵巧的圣埃米利永葡萄酒。

将来自不同国家的同一葡萄品种进行比较

在品尝了来自勃艮第、南非、美国俄勒冈的黑皮诺［Pinot Noir］之后，你会发现它们的口味有的不甜、有的温热、有的微甜。

大师级的品酒者

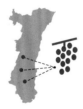

鉴别酿造年份

选择 3 个不同年份的同款葡萄酒［产自同一酒侯或酒庄］，尝试根据热度、酸度、果实成熟度来鉴别它们的酿造年份。

鉴别风土

由北向南选择 3 款出自同一地域、不同产区的阿尔萨斯雷司令进行品鉴。例如，Kirchberg de Ribeauvillé、Sommerberg、Kitterlé 等顶级葡萄园的葡萄酒。

鉴别"海盗葡萄酒"

这是指那些与我们印象中相差较大且不是很熟知的葡萄酒。比如：圣布里［Saint-Bris］是勃艮第唯一以长相思葡萄酿造葡萄酒的产区；出产霞多丽的利穆产区［Limoux］位于朗格多克–鲁西永大区［Languedoc-Roussillon］，那里出产的白葡萄酒口感异常清醇；汝拉的克雷芒也不为很多人熟悉；一瓶老邦多勒的醇厚口感可能会让人觉得它也许来自西南地区；还有加州出产的具有波尔多风格的赤霞珠［Cabernet Sauvignon］红酒。

如何组织一场完美的酒会

葡萄酒品鉴的万能用语

即使完全不懂品酒，也希望能借探讨葡萄酒而成为众人中的焦点吗？

看看下面的句子，尝试用自信的神态说出这些话。日后，如果你遇见一位品酒专家，他希望跟你多多交流时，你就有办法应对了！

这是一款酿造出色的葡萄酒。

很好地展现了产区特点。

酒香优雅，口感醇厚，结构悠长而深邃。

这是一款散发着矿物香的葡萄酒！

香气高雅，口味浓郁，回味无穷。

它散发着浓郁而强烈的酒香。酒液味道宜人，丰富的单宁使酒液质地坚实。

这是一款醇厚的葡萄酒，色泽靓丽，口感柔和，有细腻的颗粒感，是值得肯定的风格！

这款酒色泽深沉，酒香成熟丰厚，富有表现力，口感宜人，质地丝滑。

它是一款全面均衡的葡萄酒！

酒香还没有完全释放，但已经展现出高度的纯正感了。我十分期待它能放下这份矜持啊！

色泽华丽，酒香活跃，口感清爽纯正。

它色泽深邃，带有果香，口感丰富饱满，层次丰富！

这是一款特色酒！酒液的香气从口腔传递到鼻腔，口感丰富和谐，余味悠长。

这是一款富有表现力的葡萄酒，越陈越香。

它将品种、特色和酿造者的个性融合在一起。

这瓶酒完美地展现了产地的风土！

聚会后

去除污渍

瞧，悲剧来了吧！聚会进行得一切顺利，直到葡萄酒洒在了你心爱的衬衫上。

如果是红葡萄酒或桃红葡萄酒，那可就悲剧了。
假如污渍停留的时间不长［10 分钟以内］
你不可使用：

▶ 盐：它通过使布料褪色，灼烧纤维，来最终阻止污渍的扩散。

▶ 开水：尤其不适用于布料轻薄的衣物。

▶ 漂白水和小苏打：仅限纯白色布料的衣物。

首先：用吸水力强的纸巾尽可能地吸干污渍。
然后：你得牺牲一瓶白葡萄酒了。最好在壁橱里常备一瓶酸度高的、温和的、开封过的白葡萄酒。把白葡萄酒倒在一个大盆里，再浸入弄脏的衣服。衣服需要浸泡一两个小时，甚至更长的时间。在此期间，别忘了时不时地揉搓污渍。最后把衣服放入洗衣机里。

如果家里没有白葡萄酒，你可以选择另一种补救措施。在一个空瓶里放入 1/3 的水、1/3 的家用酒精和 1/3 的白醋。家里最好常备一个装有这种混合物的瓶子。操作方法同上：把混合物倒在一个大盆里，把衣服浸入盆中，再取出衣服放入洗衣机。
这两种方法的原理基本相同：酸和酒精可以稀释花青素［同时促进色素的溶解与脱色］，花青素就是构成葡萄酒颜色的主要物质。

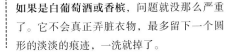

如果是白葡萄酒或香槟，问题就没那么严重了。它不会真正弄脏衣物，最多留下一个圆形的淡淡的痕迹，一洗就掉了。

假如污渍已经变干了
不要再触碰污渍了，尽快把衣服送到干洗店处理。

如何组织一场完美的酒会

清洗酒杯

酒杯首先要干净而没有污迹，但同时［更重要的是］它还应该闻起来没有味道！

清洗

不要为了确保酒杯洗干净，而放过量的洗洁精。洗洁精残留在杯底，或者杯中仍留有泡沫的痕迹，会使葡萄酒染上异味。

不要把带有很多洗洁精的酒杯放在洗碗机里，这会给葡萄酒带来难闻的气味和苦味。

聚会结束后，立刻用热水冲洗酒杯。这样，你甚至不需要使用洗洁精了。只需要用一块海绵擦拭杯口，然后把杯子放在沥水架上晾干，或者直接用抹布擦干。擦拭时，要特别注意酒杯的边缘部分，要擦掉唇印。水的温度越高，晾干后留下的水迹就越少。

摆放

酒杯晾干后，如果你家里有滑轨酒杯架，可以把酒杯吊挂在上面；如果有酒柜，可以把酒杯竖直放进酒柜。

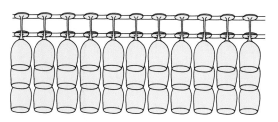

不要把酒杯放在纸箱中保存，这样做会使杯子充满纸箱的异味。如果除此之外没有其他办法的话，务必在下次倒酒前用水冲洗一遍。

永远不要将酒杯倒立放在搁板上，原因是球状杯身会吸附板子的气味，并将这种气味释放到葡萄酒中。

葡萄酒开封后的保存方法

聚会后还有剩余的葡萄酒没喝完？你不一定非要把剩酒都喝干净。如果将软木塞塞牢，半瓶白葡萄酒可以在冰箱中保存 2 到 3 天。同样，开封后的红葡萄酒可以在阴凉避光的地方保存 3 天，在冰箱中保存 4 到 5 天。

剩余葡萄酒的保存期限与酒的余量以及瓶内的空气量有关。瓶内的葡萄酒越多，保存时间就会越久。

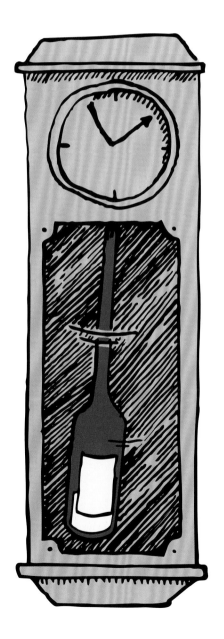

如果只剩下少量的葡萄酒，瓶内的空气会迅速侵袭瓶底的葡萄酒，然后置它于死地。

市面上的一些小工具可以帮助你把葡萄酒的保存期限延长三四天。

除了真空瓶塞以外，还有其他更有效的工具，能够最大程度地驱除酒瓶内的氧气。还可以用气瓶［含氮气和二氧化碳］置换出酒瓶中的氧气。还有特殊的香槟塞，可以使香槟酒的气泡保存 24 小时以上。

用剩酒做菜

在冰箱里存放期限不超过 10 天的剩酒可以用来做菜。以下是一些烹饪小妙招。

红葡萄酒

- 红酒酱汁荷包蛋
- 很多菜都可以用葡萄酒充当调味汁：葡萄酒焖子鸡、红酒洋葱烧牛肉［把肉丁和洋葱放在炖锅里，把土豆切成小块，用葡萄酒浸湿，加入少许水和香料，用文火烧煮，直到煮烂即可食用］……
- 法式红酒烩啤梨、焦糖草莓红酒布丁
- 果酱

白葡萄酒

- 蘑菇炒牛肉或炒猪肉
- 羊肚菌炖鸡
- 意式红焖小牛腿
- 牛油焗扇贝
- 什锦煨饭

- 烩鱼
- 金枪鱼意大利面
- 田鸡腿
- 乳酪火锅
- 白酒汁贻贝

甜白葡萄酒

- 意式蛋黄酱
- 甜酒梨果酱
- 水果沙拉

- 苹果酒蛋糕
- 甜酒炖鸡腿
- 甜酒煎鹅肝

香槟

- 可以参照白葡萄酒或甜酒的烹饪方法

唯一真正有效应对宿醉的方法就是……不要喝醉！

宿醉的症状有哪些？

头痛、恶心、痉挛、乏力？昨晚上多喝了几杯吧？显然，你已经出现了宿醉的症状。造成宿醉的原因很简单：你脱水了，这是肝脏分解酒精的生理反应。除此之外，宿醉还伴有低血糖的症状，这是酒精中的固有物质作用的结果，比如甲醇和一些多酚类物质，以及一些劣质葡萄酒中特有的物质：大量的亚硫酸盐和其他添加物……

当天晚上应该做什么？

睡觉前大量喝水。如果可以的话，喝上半升水，一升更好。这是对付头痛最重要也是最有效的办法，而且简单易行……前提是只要还有意识能想到这一点的话。还要记得在床头放一瓶白水，如果夜里感觉口渴，就喝一些！

第二天该怎么做？

补充维生素

一觉醒来后，吃一根香蕉或吃一点维生素 C。前一夜狂饮后，在葡萄酒中酸性物质的刺激下，你可能会感觉胃部不适。不要喝橙汁，因为橙汁只能加重胃部的灼烧感。不妨选择一种富含蛋白质、维生素和糖分的水果：香蕉。再或者，喝一碗富含矿物质的汤，例如海鲜汤，富含锌元素的牡蛎也是十分有效的解酒食物。

缓解腹痛

如果感到腹痛，可以用水冲一小勺小苏打，这样有助于缓解胃酸过多带来的不适感。
也可以喝一杯排毒药或者菊花水。茶和咖啡都有利尿的作用，会加剧脱水，所以不要喝。
可以吃点米饭，米饭可以保护胃黏膜，提供一天所需的碳水化合物。

最后一招

也可以喝一杯血腥玛丽鸡尾酒试试。这款鸡尾酒是用番茄汁、伏特加、芹菜、Tabasco 辣椒酱调制而成的。番茄中的维生素 C 能够让身体重新恢复活力，少量的酒精可以减缓因酒精戒断造成的不适。但这种方法目前仍然存在一些争议。

- 我特别喜欢这款酒！打动我的是……

- 是什么？

- 一种气味……

- 什么气味？

- 葡萄酒的气味！纯正的葡萄酒香！

这是很多人都经历过的一幕，包括帕科姆在内。帕科姆喜欢葡萄酒，却对葡萄酒一无所知。他只会说"好喝"，这已经不错了。可是，帕科姆希望在品酒时，清楚自己在想什么，应该说什么。虽然帕科姆对音乐没什么鉴赏力，但这丝毫不会影响他对葡萄酒的品鉴。他只需要充分调动除耳朵以外的其他感官就可以了：敏锐的目光，清彻的鼻腔，通透的口腔和迫不及待的舌头。

要集中精神看、闻、尝、品。然后用一个形容词来描述每一个步骤。在一开始，一个词足以。你会发现，只要多加练习［也不要"过度"练习］，品酒并没有那么复杂。

聚会上，当帕科姆把鼻子靠近酒杯时，他不再只是"哦！""啊！"地感叹了。他可以迅速总结出这款酒的特点，而且把每次聚会都当成自我提升的机会。在每喝一口酒之前，他都要停留几秒，用鼻子和嘴巴来体会，洞察酒的变化。帕科姆喝得不多，却品得很好。聚会上，他不从外表和名声来评判一款酒，他只单纯地去品味、享受它。

本章献给所有和帕科姆一样想学习品酒的朋友们。

如何自信满满地品酒

酒裙·酒香·酒味
寻找理想中的葡萄酒

酒 裙

为什么葡萄酒爱好者在喝酒前要仔细端详酒杯呢？这并不是为了摆出一副自命不凡的样子，更不是为了在葡萄酒的倒影中孤芳自赏。你需要观察的是葡萄酒的颜色，因为它能透露出这杯葡萄酒的状况。在走进一家服装店之前，一般会先看看陈列在橱窗中的裙子。品酒也是同样的道理，你要先看看"酒裙"。

颜色与色调

像专业人士一样

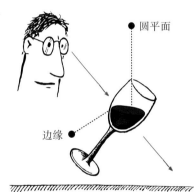

圆平面

边缘

为了观察一款葡萄酒的颜色，要把酒杯放在白色背景中。需要观察的是酒液与玻璃接触边缘的颜色。根据颜色的色调，你可以得知关于酒龄的信息。

 词汇扩展

白葡萄酒的色调：绿色、灰色、柠檬黄色、淡黄色、金黄色、蜜黄色、赤褐色、琥珀色、栗色。

红葡萄酒的色调：淡紫色、紫红色、宝石红、石榴红、樱桃红、浅黄褐色、桃木色、瓦色、橘黄色、栗色。

什么色调？

紫色

红葡萄酒

橙色

绿色

白葡萄酒

橙色

新酒：如果红葡萄酒呈现出紫色，白葡萄酒呈现出绿色，说明这是一款新酒。

适饮期的酒：如果红葡萄酒呈现出红色 / 宝石红 / 石榴红；白葡萄酒呈现柠檬黄 / 金黄色 / 淡黄色，那么这是一款已经成熟的葡萄酒，正是饮用的最佳时期。

老酒：如果葡萄酒的色调偏向橘黄色，无论是红葡萄酒还是白葡萄酒，它都是一款老酒了［甚至是非常老的酒］。

老酒

注意，老酒并不意味着酒龄一定在 10 年以上。葡萄酒的成分和保存方式多多少少会加速葡萄酒的衰老过程。如果一瓶葡萄酒被暴露在温差很大的地方，或者受到空气或日光的侵袭，它自然会比那些安安静静地躺在 12℃酒窖中的同龄葡萄酒衰老得更快。此外，有些葡萄酒生来就注定长寿。在 10 岁时，它们依旧容光焕发；而有的葡萄酒从一出生就步入老龄了。

颜色与色度

色度与酒龄

同色调一样，颜色的深浅程度也能显示出葡萄酒的年龄。红葡萄酒的颜色会随着时间的流逝而变淡，析出的物质会形成沉淀物堆积在瓶底。相反，白葡萄酒则会越来越深。这样，经过一个世纪之后，红葡萄酒和白葡萄酒的酒裙会接近相同。

色度与产地

色度还可以透露葡萄酒的产地，尽管有些葡萄酒并不适用于这一规则。通常，与高温地区的葡萄相比，产自低温地区的葡萄酿成的葡萄酒颜色更浅。用来酿造葡萄酒的葡萄品种也根据地区和气候的不同而有所差异。与低温地区的葡萄相比，高温地区的葡萄果皮更厚，含有更多色素。

红葡萄酒

产自低温地区的红葡萄酒普遍口味清淡细腻［如勃艮第红葡萄酒］

产自温暖地区的红葡萄酒普遍富含果香［如波尔多红葡萄酒］

产自日照充足地区的红葡萄酒普遍口感浓烈［如西南产区的马尔贝克（Malbec）红葡萄酒］

白葡萄酒

产自中低温地区的白葡萄酒普遍口感活泼清爽［如卢瓦尔河谷的长相思］

产自温暖地区或在橡木桶中酿制的白葡萄酒普遍口感圆润，酒香浓郁［如伯恩丘产区的白葡萄酒］

长期陈放在橡木桶中的白葡萄酒或利口酒普遍口感浓烈［如苏玳甜酒］

桃红葡萄酒

颜色无法透露桃红葡萄酒的产地信息。

词汇扩展

色度的分类：浅淡、清淡、鲜明、深色、深暗、暗沉。

色度与味道

浅色葡萄酒比深色葡萄酒更酸、更纯。大多数情况下，颜色深暗的葡萄酒酒精味更浓，口感偏浓厚、甜腻。

如何自信满满地品酒

桃红葡萄酒的颜色无法透露任何信息！与红葡萄酒和白葡萄酒不同，桃红葡萄酒的颜色取决于生产者的喜好，因为他可以随时停止着色。桃红葡萄酒是用红葡萄酿制的［将红葡萄酒与白葡萄酒勾兑生产桃红葡萄酒的做法在欧盟是明令禁止的，香槟除外］。葡萄汁的颜色主要来自于葡萄果皮，果肉是无色的。果皮在葡萄汁里浸泡的时间越长，葡萄汁的颜色就越深。如果想要得到一瓶淡色的桃红葡萄酒，需要在酿制过程中迅速将皮汁分离。

深色桃红葡萄酒不一定比浅色桃红葡萄酒口感浓烈或酒精味重。

要知道，桃红葡萄酒的酒裙往往会顺应潮流的趋势。在一场经久不衰的玫瑰红风潮吹过之后，葡萄酒的颜色开始变得越来越淡了。

 词汇扩展

桃红葡萄酒的颜色：灰色、杏黄色、洋葱黄、橙红色、黄檀木色、肉色、牡丹色、珊瑚红、樱桃红、醋栗色、石榴红、覆盆子色、赤褐色。

光泽与透明度

在观察完颜色、色调和色度之后，接下来要看一看葡萄酒的光泽度与透明度：有没有悬浮物或者轻微浑浊？

葡萄酒的光泽

有时，葡萄酒在微生物的作用下会变得黯淡无光，不宜饮用，但这属于极少数情况。通常情况下，光泽度仅仅是为了让葡萄酒看起来更加美观，而与葡萄酒的口感没有任何关系。

瓶底的沉淀物

有沉淀物不要紧。这是葡萄酒中一些不稳定的物质沉淀形成的固体，有可能是［白葡萄酒中的］酒石晶体、［红葡萄酒中的］单宁或着色物质。不管怎样，这些沉淀物不会破坏酒液，也不影响饮用。当然，沉淀物的口感肯定不会太好，所以在饮用时应避免把瓶底的酒液全部倒在酒杯中。

悬浮物或酒液朦胧

这种情况越来越普遍，也越来越无关紧要。以前，所有的葡萄酒在灌装之前都要过滤，因此，酒液出现浑浊是不正常的现象。如今，越来越多的生产者致力于酿造"天然葡萄酒"，不再对葡萄酒进行过滤。所以酒液会呈现出自然的朦胧状态，也许上去不那么漂亮，但却不会影响酒的味道。通常，葡萄酒酿造者会在未经过滤的葡萄酒标签上注明"可能出现轻微混浊"的提示。但如果葡萄酒呈现出严重混浊不清的状态，你就要对此表示怀疑了。

 词汇扩展

葡萄酒的透明度分类：晶莹、清澈、朦胧、混浊。

如何自信满满地品酒

"酒泪" 与 "酒腿"

如果你不喜欢葡萄酒的"眼泪"，那你也不可能爱上它的"美腿"。"腿"和"泪"这两个词指的都是同一个现象：葡萄酒在杯壁上留下的痕迹。为了观察这种现象，你只需要将酒杯晃动两次，就可以欣赏葡萄酒修长的"美腿"了，当然，前提是如果它有的话。

酒腿

酒泪

什么是"酒泪"？

"酒泪"能够透露葡萄酒的酒精浓度和含糖量。"酒泪"越多，葡萄酒的酒精浓度和含糖量越高。麝香［Muscat］干白葡萄酒几乎没有挂杯现象，而尼姆［Nimes］干红葡萄酒却酒泪四溢。为了有一个参照物，你可以用一杯水和一杯朗姆酒进行比较。你会发现，差异是显而易见的。

酒精浓度

即使这一技巧能够让你对葡萄酒的酒精浓度有所了解，但这并不意味着你一定能在口中感受到酒精的度数。酒精浓度在 14% 以上的品质上乘的葡萄酒，能够释放充足的酸度和丰富的单宁结构感。这样的酒不会让喉咙产生灼烧感，反而会显得格外均衡。

 注意：挂杯现象与酒杯的清洁度也有关系

带污渍的脏酒杯也会令葡萄酒产生更多的"酒泪"。相反，如果酒杯中存有残余的皂液，葡萄酒会"拔腿就跑"，不留下一丝痕迹。

起泡酒

富含二氧化碳的起泡酒，适合热闹喜庆的氛围。气泡是本节的明星。

气泡的大小

气泡的大小可以显示出你即将品尝的这款起泡酒质量如何。把酒杯放在与视线平行的位置，观察其中一个气泡的运动轨迹。气泡越小，说明酒的质量越好：它证明这款酒的发酵过程是缓慢而精细的。如果气泡粗大，那么十有八九酒液也很粗劣。理想情况下，一个行动敏捷的小气泡会沿着一个或几个气泡的轨迹向上爬升，在酒液表面形成队列。这层气泡持久且细小，甚至在某些角度几乎是看不见的。实际上，这些气泡造型百变，但和啤酒的泡沫全然不同。

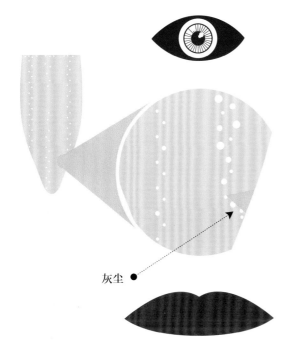

灰尘

气泡的量

酒杯中肉眼可见的气泡的量取决于……酒杯的清洁度！听上去难以置信，但这的确是事实，酒杯越干净，气泡就越少。在一个完全光滑的酒杯里，根本没有气泡。气泡只属于嘴巴！相反，一个不太干净或者用脏布擦拭过的酒杯中，就会出现大量气泡，因为杯壁上的小凹凸能长时间地留住这些泡沫。因此，侍酒师建议用干净的抹布擦干酒杯，这样，微小的棉布纤维会留在杯壁上，从而挂住葡萄酒的气泡。你还可以用玻璃砂纸擦拭杯底。

口中的气泡

不要把时间浪费在数气泡上。最好直接用嘴巴来判断气泡的特点：细腻、刺激、柔和……

 非起泡酒中也有气泡？

你感觉非起泡酒中也存在气泡？对于新酒来说，这是正常现象。在酒精发酵的过程中会产生少量的二氧化碳。你在晃动酒杯时，气泡就出现了。

 词汇扩展

法国人称非起泡酒为"静态葡萄酒"。一款静态的葡萄酒中含有少许二氧化碳，在饮用时能够感受到轻微的气泡刺激。

如何自信满满地品酒

轮到帕科姆兴奋的时候了。闻酒香有时比品酒味更加令人兴奋。也许有一天，你甚至会在品酒前感到一丝犹豫，因为害怕酒香如此优雅的美酒，其口味会令你大失所望。闻酒香，就意味着你在品尝之前，就承认自己已经被它所吸引了。

如何闻酒香？

释放酒香

让葡萄酒与空气充分接触，以便充分释放酒香。在桌子上晃动酒杯的同时，向同一方向转动杯脚。如果你是熟练的行家，也可以在空中完成这一动作。

葡萄酒的"第一闻"

这是葡萄酒处于静止状态时散发出的香气。品酒时，斟酒量不要超过杯子容量的1/3。酒杯越满，释放酒香的空间就越小。

葡萄酒的"第二闻"

这是醒酒后，葡萄酒散发出的有所变化的香气。此时的气味通常更纯净，也更强烈。如果酒香依然不明显，你需要更加猛烈地晃动酒杯；因为葡萄酒可能还在沉睡，我们称它是"关闭的"。

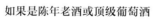

如果是陈年老酒或顶级葡萄酒

不要在酒杯中晃动它，你这么做可能会让酒液筋疲力尽。可以微微倾斜酒杯，在不同的地方闻酒香：在杯子中央，或在杯口边缘……可以感受到酒香的复杂性。

"嗅"而不是"吸"

闻葡萄酒的气息时，不要用力吸气，以免给你的鼻子带来"饱和感"。不妨想一想小狗在嗅寻踪迹时的样子：轻轻地吸气，反复几次，尽可能地敞开心扉。闭上眼睛，如果这有助于你集中精神的话。不要纠结于某一种特殊的气味，而是让酒香侵入你的全身。

酒香的类别

香气大家族

在葡萄酒的世界中存在着上百种不同的气味。不是所有气味都是容易识别的。为了鉴别，品酒师把这些气味进行分类重组。每种类别的定义及其包含的气味各不相同：水果可以分为核果类、仁果类、浆果类……你也可以将我们以下列出的水果清单再进行细化，比如苹果的不同品种。

培养嗅觉

是否有一些气味是你无法识别的呢？对于每一种香味，你都要尝试着回忆它的气味。如果想不起来，那就要亲自去闻一闻了。买一些时令水果和鲜花［或者闻一闻单一花香的香水］，嚼一块巧克力，或在树林中散散步，如果需要的话，甚至可以舔舔小石子！如同音乐家做音阶练习一样，一个品酒师也要不断地训练他的鼻子，还可以买一个用来模拟各种气味的小匣子。

水果类

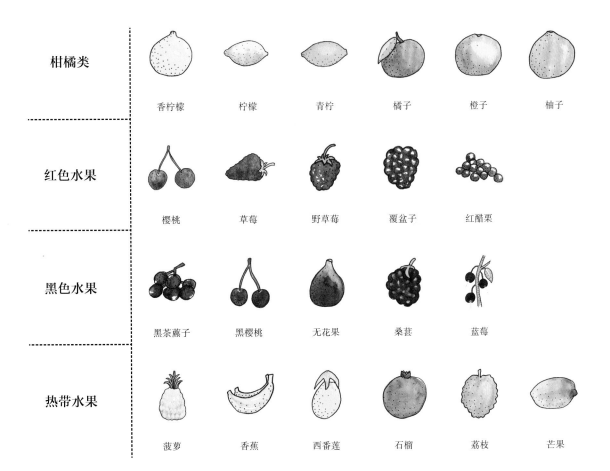

柑橘类	香柠檬	柠檬	青柠	橘子	橙子	柚子
红色水果	樱桃	草莓	野草莓	覆盆子	红醋栗	
黑色水果	黑茶藨子	黑樱桃	无花果	桑葚	蓝莓	
热带水果	菠萝	香蕉	西番莲	石榴	荔枝	芒果

如何自信满满地品酒

水果类

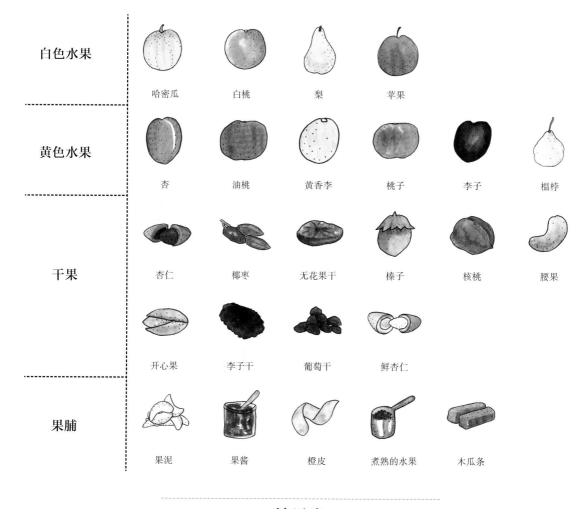

白色水果
哈密瓜　　　白桃　　　梨　　　苹果

黄色水果
杏　　　油桃　　　黄香李　　　桃子　　　李子　　　榅桲

干果
杏仁　　　椰枣　　　无花果干　　　榛子　　　核桃　　　腰果

开心果　　　李子干　　　葡萄干　　　鲜杏仁

果脯
果泥　　　果酱　　　橙皮　　　煮熟的水果　　　木瓜条

糖果类

软糖　　　棉花糖

花卉类

| 金合欢 | 山楂花 | 洋甘菊 | 忍冬 | 橙花 | 桂竹香 | 鸢尾花 | 茉莉花 |

| 丁香 | 石竹 | 牡丹 | 玫瑰 | 紫罗兰 | 扩展：蜂蜜 |

糕点类

| 黄油 | 饼干 | 奶油面包 | 糕点奶油 | 鲜奶油 | 牛奶 | 酵母 | 吐司 |

| 派皮 | 杏仁糕 | 酸奶 |

木质类

| 轻木 | 新木 | 雪松 | 橡木 | 椰果 | 广藿香 | 松树 | 树脂 |

檀木

如何自信满满地品酒

植物类

 香茅

 桉树

 茴香

 干草

 蕨类

 青草

 薰衣草

 薄荷

 甜椒

 接骨木

 烟草

 茶叶

 椴树

 马鞭草

 矮灌木

香料类

 八角

 桂皮

 丁香花蕾

 香菜

 咖喱

 生姜

 月桂

 肉豆蔻

 白胡椒

 黑胡椒

 甘草

 迷迭香

 百里香

 香草

 藏红花

 匈牙利辣椒

烘焙熏烤类

 可可

 咖啡

 焦糖

 巧克力

 烟熏

 沥青

 摩卡咖啡

 烤面包

 杏仁巧克力

葡萄酒生活提案

林下地被类

| 洋菇 | 枯叶 | 鸡油菌 | 腐殖土 | 青苔 | 泥土 | 松露 |

动物类

| 琥珀 | 蜂蜡 | 麝香猫 | 皮革 | 皮草 | 野禽 | 肉汁 | 麝 |

矿物类

葡萄酒中的矿石类气味很少见，但也不是不存在。如果你闻到了矿物香，说明这十有八九是瓶上好的葡萄酒。

| 白垩 | 卵石 | 石油及其他燃料 | 碘酒 | 火药
［烟火］ | 火石 |

不良气味

| 纸盒 | 菜花 | 牲口棚 | 天竺葵 | 软木塞 | 霉味 | 洋葱 | 烂苹果 |

| 腐烂味 | 馊味 | 仓库 | 粗麻布 | 硫黄 | 汗味 | 猫尿 | 醋 |

如何自信满满地品酒

四季轮回

一瓶葡萄酒的香气从来都不是固定不变的。它会随着时间的流逝而发生改变，甚至在短短一场聚会的时间里，从品酒到聚会结束的几个小时之内，葡萄酒的香气也会发生改变。

葡萄酒的生命周期

葡萄酒也是有生命周期的。它的一生要经历从青年不断发展，逐渐达到成熟，再逐渐走向衰退，进入老年，直至消亡。在葡萄酒的生命历程中，香气的演变恰好与四季的更替接近一致。年轻的葡萄酒迈着春天的步态向我们走来，带着夏天的旋律渐入佳境。从成熟到衰退，芳醇的酒香又让人联想起秋天丰收时的种种景象，最后伴随着冬天的到来走向生命的尽头。生命周期是一个帮助我们判断葡萄酒寿命及其成熟度的好方法［不同葡萄酒之间的差异性是很明显的：有的葡萄酒在 5 岁时还显得很年轻，而另一些同龄的酒已经步入老年了］。

年轻葡萄酒
春天

散发出青翠的植物嫩芽、花卉、新鲜水果、酸味水果和糖果的香气。

壮年葡萄酒
夏天

散发出干草、植物香料、成熟水果、含树脂的树木、熏烤类食物以及石油等矿物质的香气。

中年葡萄酒
秋天

散发出干果、果泥、蜂蜜、饼干、灌木、蘑菇、烟草、皮革、皮草及其他动物类气味。

暮年葡萄酒
冬天

散发出蜜饯、野禽、麝香、琥珀、松露、泥土的香气。过于衰老的葡萄酒中会有烂水果、发霉的蘑菇的气味。到达生命尽头的葡萄酒不再带有任何香气。

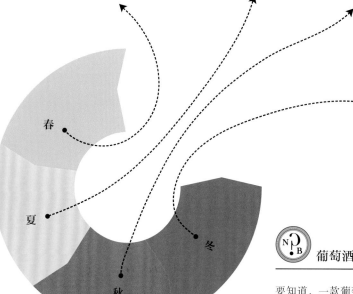

葡萄酒的黄金时期

要知道，一款葡萄酒几乎不可能在生命的每个阶段都光彩熠熠。那些呈现出成熟优雅的秋日韵味的葡萄酒，往往在年轻时表现平平。如同人类一样：一位老哲学家几乎不可能同时是一位出色的足球运动员！

香气的三个阶段

发酵与香气

大部分香气在葡萄酒的酿造过程中就体现出来了。每种葡萄本身都带有潜在的香气，或浓郁，或微妙。但这种潜在的香气只有经过发酵才能释放出来，因为发酵才是葡萄酒生命的肇始。其他香气是在葡萄酒酿造和衰老的过程中产生的。生产葡萄酒的过程，不仅仅是生产酒精，也是在创造香气！

根据葡萄酒的酿造过程，我们将葡萄酒的香气划分为三个阶段。

 第一阶段：原始香气

这是葡萄品种中固有的香气，在酒精发酵过程中释放出来。

水果香、花香、植物香、矿物香。

 第二阶段：酿造香气

根据酵母菌的种类，葡萄在酒精发酵或乳酸发酵过程中产生的香气。

糖果香、糕点香。

 第三阶段：窖藏香气

这是葡萄酒在橡木桶中酿造或在成熟过程中产生的香气。

木香、香料香、熏烤类香气［烤、焙］、灌木香气、动物气味。

 词汇扩展

陈酿香气是指成熟或陈年的葡萄酒的香气。它是第三阶段香气的主要组成部分，在有些第一阶段香气中也会出现，通常表现得更高雅、古朴。如果说一束花的美丽体现在和谐的搭配上，那么一瓶高级葡萄酒的魅力则蕴育于和谐的醇香之中。

如何自信满满地品酒

难闻的气味

葡萄酒的味道不好闻？通常，除了把酒倒掉之外没什么好办法。

无法弥补的缺陷

葡萄酒可能产生某种令人厌恶的气味，造成这一结果的原因有很多。

 葡萄不够成熟：带有猫尿、青草、青椒的气味。

 被软木塞污染：葡萄酒被软木塞产生的霉菌污染了［3—5% 的葡萄酒会出现这种情况］，带来发霉的气味或腐烂的木塞味。

 醋化：散发出醋酸的味道，也就是洗甲水的味道。

 储存不当：如果葡萄酒被暴露在日光下，或者放在容易串味的潮湿的箱子中，会产生土味或纸箱味。

 氧化：带有马德拉酒、核桃、熟透的苹果，甚至是烂苹果的气味［马德拉或其他口感宜人的氧化型葡萄酒除外］。

 被硫化物影响：这是酵母因缺氧而产生的一种含硫化合物，闻起来像臭鸡蛋的味道。

 被酒香酵母污染：酒香酵母被人们亲切地简称为"酒香"，但其实它会使酒失去酒香。这是指酿酒过程中，葡萄酒受到细菌污染，而散发出类似于汗味、牲口棚、粗麻布、粪便的臭味。

葡萄酒的"还原味"：年轻的酒的瑕疵

葡萄酒被还原，散发出一种卷心菜、烂洋葱，甚至是瓦斯的味道。但这并不是个特别严重的问题［尽管有时候和臭味一样难闻］，因为这种气味很短暂。这种气味，也叫还原味，是葡萄酒因"缺氧"造成的。

恢复葡萄酒的香气是有可能的：

空气
通过剧烈的醒酒，甚至要猛烈地晃动醒酒瓶来除味，但这种方法的弊端是需要等待几个小时才能将异味去除［没错，别指望今天晚上喝上它了，要等到第二天了］。

铜币
如果很着急的话，可以在醒酒瓶中投入一枚铜币。［一定是干净的！］铜可以使葡萄酒中的硫分子析出。

品酒时遇到的倒霉事

鼻子堵塞，酒香关闭

你感冒了。呼吸道堵塞，鼻通气受阻，品酒彻底无望了。是啊，这可真扫兴。那么就好好休息吧，改天再品酒。

酒香关闭。装瓶几个月后的葡萄酒有时会进入封闭状态，或许是以此表达对"关禁闭"的不满吧。这样的"怨气"会持续数月的时间。那么你需要把酒倒入长颈大肚玻璃瓶中进行醒酒。某些脾气特别不好的葡萄酒需要经过几个小时才能绽放香气。如果葡萄酒在整个聚会中都保持封闭状态，那就把它存到第二天中午再品尝吧。

闻到难闻的气味

开启一瓶葡萄酒可能会给你带来种种不幸遭遇：一个质地疏松的软木塞会使空气进入而破坏酒质；一个被霉菌污染的软木塞会"塞住"葡萄酒的香味；一瓶葡萄酒可能散发出汗味、尿味、粪便味之类的难闻味道。这样的葡萄酒可能会令你失望，让你觉得自己花了冤枉钱。但即便这样，也不必大惊小怪。一瓶好酒可以为聚会助兴，而一瓶劣酒却不该扫了聚会的兴致。

你和别人闻到的气味不一样

你从自己的酒杯中闻到的是绝妙的大黄味。突然，侍酒师问道："你闻出美妙的柚子香了吗？"呃……没有！好吧，这根本不重要！每个人对气味的感知力都是不同的，这取决于你的饮食文化和遗传基因。重要的是，不要让自己受到别人的影响，而是要关注你自身的感受。如果你是唯一一个从酒中闻到大黄味的人，也不必不好意思说出来。而且奇怪的是，如果人们讨厌某种味道往往会更容易察觉它。

如何自信满满地品酒

酒 味

如何品酒？

品尝葡萄酒有两种方式，无论用哪种方式，一定要记住"眼见为虚、入口为实"！

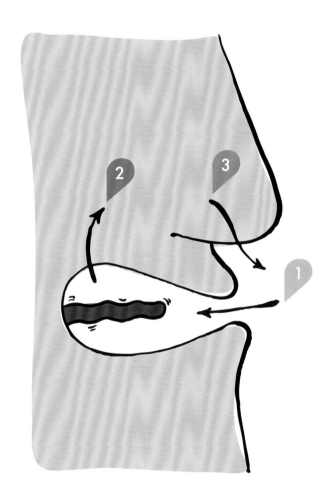

啜饮

当品酒师在品酒时发出奇怪的"啧啧"声时，其实，他是在捣酒！也就是当葡萄酒含在口中的时候，吸入一点点空气。步骤如下：

1. 撅嘴。

2. 用嘴吸气。相当于对口中的葡萄酒进行搅动、加热，帮助它充分释放香气。

3. 用鼻子呼气，载着酒香的空气由此得以循环，重新飘入鼻腔之中。

咀嚼

没错，就像嚼牛排一样！这种方法更简单，可以达到与上一种方法同样的效果：让酒液充分释放香气。

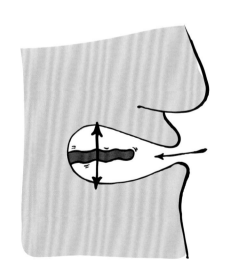

选择一种你喜欢的方法。 你也可以将两种方法结合起来：先啜饮再咀嚼［或反之］，甚至可以在口中晃动舌头。这样做的目的是体会葡萄酒的各种香味，包括味道［甜的、酸的］，在口中感受到的气味和触感［刺激、干涩等］。

味道

苦味。淡淡的苦味是典雅的象征。我们可以在一些白葡萄酒中发现这种味道：比如以玛珊［Marsanne，罗讷河谷］、莫札克［西南产区］或侯尔［Rolle，东南产区］为主要成分酿造的白葡萄酒。如果苦味太明显或者伴有涩味，酒的味道就不那么宜人了。苦味通常在品尝的最后阶段，也就是在其他味道停留若干秒之后才表现出来。不吃苦苣，不喝啤酒、浓茶、咖啡的人一般对这种味道更加敏感。

甜味。甜味是葡萄酒中的糖分。甜型葡萄酒如苏玳；天然甜酒或浓甜葡萄酒，如博姆-德沃尼斯［Beaumes-de-Venise］的麝香、莫里［Maury］、班努斯［Banyuls］……一瓶葡萄酒的含糖量可以在0—200g/L之间，甚至更高！葡萄酒一入口，甜味瞬间就能够被舌尖感知到。但喝得越多，对甜味的敏感度就越低。

咸味。咸味在葡萄酒中是不常见的，除了几种口感活跃的白葡萄酒，如蜜斯卡岱。

酸味。酸味可以说是葡萄酒的脊柱，是葡萄酒"站起来"的关键因素。一瓶没有酸味的葡萄酒相当于一瓶没有前途的葡萄酒。酸度适宜的葡萄酒令人垂涎，胃口大开。相反，过酸的葡萄酒则口感不好，反而会刺激舌头和喉咙。

超甜

甜型白葡萄酒的含糖量超过45g/L。此类葡萄酒包括：阿尔萨斯精选贵腐甜酒；波尔多的苏玳甜酒、巴萨克［Barsac］甜酒；西南产区的蒙巴齐亚克［monbazillac］、朱朗松；卢瓦尔河谷的邦尼舒［Bonnezeaux］、卡德休姆［Quarts-de-Chaume］、武弗雷［Vouvray］；德国的贵腐精选葡萄酒；德国、奥地利或加拿大的冰酒；匈牙利的托卡伊［tokaji］……

甜

甜型葡萄酒的含糖量在20—45g/L芳醇的白葡萄酒：阿尔萨斯的迟收葡萄酒；卢瓦尔河谷的莱昂丘［Coteaux-Du-layon］、蒙路易［Montlouis］、武弗雷；西南产区的朱朗松、维克-比勒-帕歇汉克［Pacherenc-du-vic-Bilh］、贝尔热拉克；德国贵族冰酒……

词汇扩展

根据酸度由弱到强，葡萄酒可以划分为：平淡的、柔和的、清爽的、活跃的、强劲的、尖锐的、刺激的。

微甜

微甜或半甜型的香槟；卢瓦尔河谷的半甜型葡萄酒［蒙路易、萨维涅尔，Savennières］；某些南部产区的红葡萄酒和地中海地区的白葡萄酒……

-53-
如何自信满满地品酒

酸度和圆润度

除了味道以外，舌头还能体会到葡萄酒的不同触感：金属味［令人厌恶］、辛辣味，或者黏腻的、温热的……

圆润度

如果葡萄酒的酒精度过高，会使喉咙产生明显的灼烧感。酒精发酵过程中产生的甘油脂会给葡萄酒带来滑腻感：它能够像黄油、奶油或骨髓一样润滑口腔。这种圆润度或醇厚感有助于我们区分不同类型的葡萄酒。

易醉的、度数高的、厚重的，甚至肥厚的葡萄酒。它通常是强劲有力、妖媚诱人的红葡萄酒。这种葡萄酒酸味不足，并带有酒精的灼烧感，有时候甚至是有点倒胃口的。它可能是由经过日光暴晒或酸度不足的葡萄品种酿制而成的甜白葡萄酒。

产自法国南部的朗格多克、南非或美国加州的红葡萄酒。

平淡的、纤细的、单薄的、水质味的葡萄酒。无论如何，这都算不上是一瓶好酒，不必非喝不可。

葡萄酒的结构

我们主要从两方面对葡萄酒的结构进行评判：一是酸度，二是圆润度。或许我们可以通过以下图示来展现葡萄酒的状态。以下是四种极端情况：

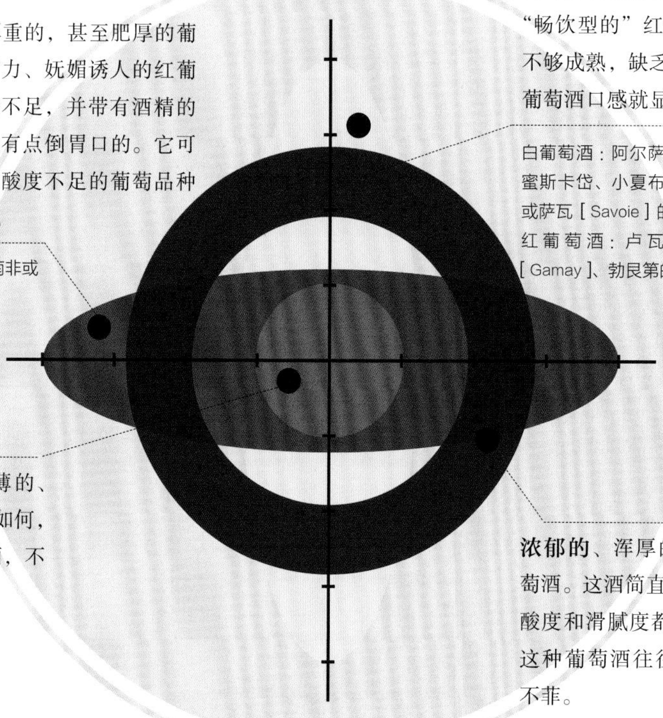

酸度
［acide］

圆润度
［gras］

清爽的、活跃的、微酸的、分明的，甚至刺激的葡萄酒。这有可能是特干白葡萄酒或是清凉解渴、爽口易饮的，即"畅饮型的"红葡萄酒。如果葡萄果实不够成熟，缺乏充足的养分，其酿造的葡萄酒口感就显得十分酸涩。

白葡萄酒：阿尔萨斯的白皮诺、卢瓦尔河谷的蜜斯卡岱、小夏布利、波尔多白葡萄酒、汝拉或萨瓦［Savoie］的白葡萄酒。

红葡萄酒：卢瓦尔河谷和博若莱的佳美［Gamay］、勃艮第的黑皮诺。

浓郁的、浑厚的、丰富的、饱满的葡萄酒。这酒简直棒极了！此类葡萄酒的酸度和滑腻度都相当饱满，非常适饮。这种葡萄酒往往越陈越香，大多价格不菲。

白葡萄酒：勃艮第、波尔多、卢瓦尔河谷、朗格多克。

红葡萄酒：波尔多、罗讷河谷、西南产区、勃艮第。

Ⓥ 词汇扩展

圆润度由低到高，葡萄酒可以分为：坚实的、融合的、圆润的、肥厚的、滑腻的。

葡萄酒的"大腿"在哪儿？

"啊，这是瓶有大腿的葡萄酒！"这是法国作家拉伯雷偏爱的表达方式。所谓有"大腿"，是指葡萄酒圆润、迷人、饱满，同时又保留着它的"气质"。如今，品酒师已经不再使用这种表达了。然而，我们依然可以花点时间欣赏一下葡萄酒的大腿。我们会看到，朗格多克佳丽酿［carignan］的腿是运动型的，极富男子气概，而勃艮第红葡萄酒的腿则显得更加苗条娇嫩。当然，还是要根据场合与个人喜好来选择适合你的那款葡萄酒！

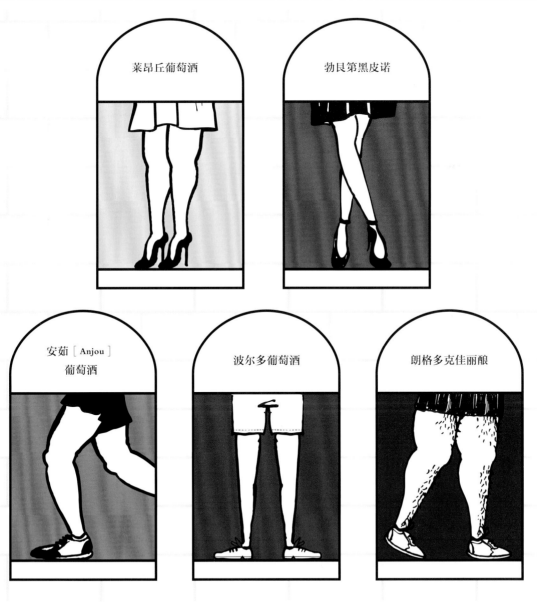

莱昂丘葡萄酒

勃艮第黑皮诺

安茹［Anjou］葡萄酒

波尔多葡萄酒

朗格多克佳丽酿

单宁

品酒者需要了解的基本常识：单宁。单宁在红葡萄酒中广泛存在，有的桃红葡萄酒中也含有单宁。而白葡萄酒中一般没有单宁。

什么是单宁？

单宁会让你的舌头，甚至整个口腔变成一片荒漠。这有点像过量饮用浓茶后的感觉，因为茶叶中也含有大量单宁酸。红葡萄酒中单宁的含量有多有少。单宁含量的差异也使葡萄酒呈现出不同的口感：有的雅致，有的青涩，甚至带有收敛感，令你的舌头涩得发麻，还有的如丝绸般柔软顺滑。因此，我们要尝试品鉴一杯葡萄酒中单宁的含量与品质。

单宁来自哪里？

单宁主要源于葡萄皮、葡萄籽和葡萄梗［连接浆果和葡萄粒的梗通常在葡萄压榨之前被去除，恰恰是因为葡萄梗内含有大量的单宁］。

与白葡萄酒不同，红葡萄酒的酿制需要将压榨的葡萄汁和葡萄皮与葡萄籽一起浸泡，原因是：葡萄籽可以将单宁渗入到酒液中。单宁是葡萄酒结构的重要组成物质，还可以延长葡萄酒的寿命。

 词汇扩展

根据单宁的含量，我们将葡萄酒划分为：爽滑的、柔顺的、富含单宁的、收敛的、苦涩的。

单宁的特点可以划分为：粗劣的、粗糙的、细致的、丝滑的、天鹅绒般的。

概括起来，单宁可以分为以下几种：

| 低单宁 | 刺激而粗糙的单宁 | 收敛的单宁 | 细致的单宁 | 丝滑柔顺的单宁 |

回溯嗅觉

你知道吗？在品酒时，可以同时用鼻子和嘴巴来感受气味。这种感受方式是气味从后面到达鼻腔，叫作回溯嗅觉。我们每天吃东西的时候都在使用这种方式！

闻香的方法一般有两种：直接通过鼻腔；经由上腭的后部到达鼻腔。后者让我们感受到食物的"味道"。你可以试着捏住鼻子吃东西：可以发现你就不知道自己吃的是什么了。根据葡萄酒品种的不同，回溯嗅觉的强弱也不尽相同。回

溯嗅觉一来可以验证你之前闻到的气味，二来可以帮你发现难以察觉的新气味。有些品酒师认为，回溯嗅觉比直接用鼻子闻更加灵敏，因为我们每天吃饭都是一次训练回溯嗅觉的过程。

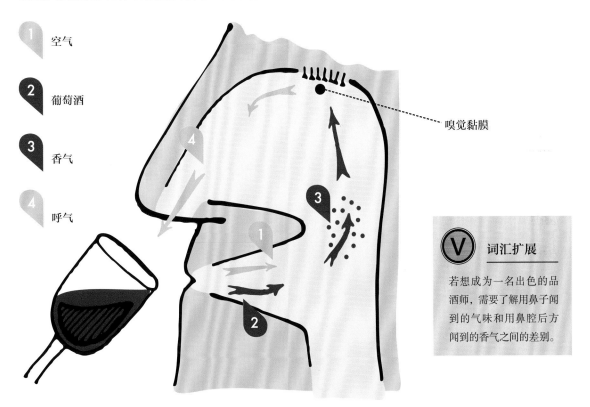

1 空气

2 葡萄酒

3 香气

4 呼气

嗅觉黏膜

词汇扩展

若想成为一名出色的品酒师，需要了解用鼻子闻到的气味和用鼻腔后方闻到的香气之间的差别。

看似喝下去了，实际上还停留在口鼻之间

当咽下葡萄酒后，香气似乎会在口中停留数秒的时间，好像葡萄酒依然在口中。这就是葡萄酒的余味，既包括气味又包括味道。这种余味多多少少会持续一段时间：这便是葡萄酒的长度。余味持续时间越长，标志酒品质越高。当然，前提是美妙的余味！

词汇扩展

"酒尾"［Caudalie］是葡萄酒长度的计量单位。事实上，葡萄酒的长度是以秒来计算的。酒香在口中延续7秒的葡萄酒它的酒尾就是7。注意！这个词如今已经不太常用了，品酒师们会觉得它有些附庸风雅。

如何自信满满地品酒

用黑色酒杯盲品

视觉的影响

用一个不透明的酒杯，最好是黑色酒杯来品酒是很有意思的。为什么呢？

因为视觉会让人做出错误的判断。在日常生活中，视觉是最有影响力的感官，它统领其他所有感官，以至于它能够对我们所看到的事物做出一个预判：即使是很美味的一盘菜，如果卖相不好的话，也会让我们感觉没什么胃口。这是羊脑还是昆虫大杂烩啊？视觉不仅会造成错误的判断，甚至能影响大脑的其他部分。

关于这一点，人们做过很多测试：在喝一杯绿色的石榴果汁时，大部分人都坚信自己尝到了薄荷味，他们敢发誓！同样，在一杯玫瑰红色的水中，品尝者能感受到红色水果的存在，就是那些专用于酿制桃红葡萄酒的红色水果。

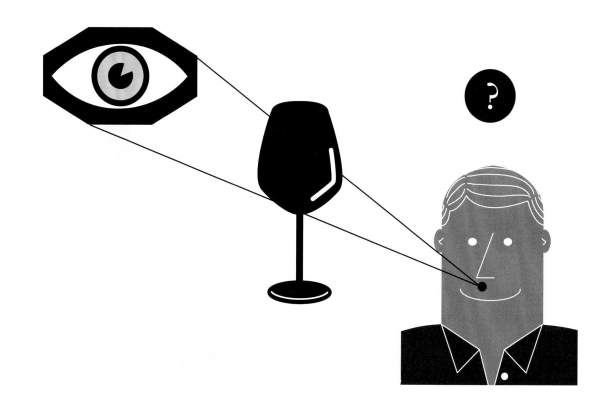

酒标的影响

看酒标也会影响品酒师的判断

德国曾在几年前做过一个测试。6名侍酒专业的学生品尝了两个装在不同酒瓶中的勃艮第葡萄酒：一瓶只标示出名称和产地，另一瓶则标注了享有盛名的法定产区。100%的学生都坚称第二瓶葡萄酒更好，口感更细腻、更复杂，总之差别很大。但其实这是分装在两个不同酒瓶中的同一款葡萄酒……

产地 ----------

法定产区 ----------

从白葡萄酒到红葡萄酒

嗅觉如果不定期训练的话，就会成为一种摇摆不定的感官，很容易被视觉所欺骗。

这是红葡萄酒还是白葡萄酒？如果你用黑色酒杯盲品的话，这是第一个要搞清楚的问题，但这并不简单！鼻子应该首先展开调查：柑橘类、糕点类的气味表明这是一款白葡萄酒，黑色水果、皮革、烟草类气味则是红葡萄酒的标志。经过橡木桶陈酿的白葡萄酒散发着木香，清雅的红葡萄酒含有清脆水果的香气，而介于这款之间的桃红葡萄酒，你就很容易判断失误了。如果你对自己的鼻子没有足够的信心，那么秘诀就在你的嘴巴里，这就是你的腭部，只有它能够指引你做出判断。如果上腭有干涩感，说明酒中含有单宁，那么这一定是红葡萄酒。如果舌头因酸度而收缩，那么这就可能是一款白葡萄酒了。

如何自信满满地品酒

盲品的步骤

在朋友聚会上，大家围绕在一瓶匿名的葡萄酒周围［如可以的话，最好套住酒瓶，比如用短袜之类］。最好使用不透光的黑色酒杯。你需要准备一张纸，在品鉴葡萄酒的同时记录下当时的感受。这种感受超过 5 分钟以后就没有价值了。你要对杯中酒展开一次真正的审讯，一切问题都是容许的。为了避免偏离主题，需要按顺序进行，每咽下一口葡萄酒时务必要进行思考：从最宏观的发现到最精细的评价，一一记录下来。

品

品、啜。香气有没有变化？最明显的味道是什么？葡萄酒是甜的吗？你的喉咙有没有酒精的灼烧感？上腭有没有单宁的干涩感？归根到底，这款酒最突出的特点是什么？你对它的整体印象如何？是否能用一个词或者一句话来总结？

闻

品评葡萄酒从鼻子开始，首先捕捉最突出的气味，再确定香气的类别，在该类别中进行选择，最后标明它的成熟度。然后把这种气味从头脑中清除，尝试捕捉第二种、第三种气味……

推断

根据你的感受，你可以对这款酒的产地、酒标，甚至酿造年份做出预判。如果你有兴趣，还可以试着猜测生产者、庄园或者产区的名字。

比较

和你的朋友比较判断结果。然后揭开谜底！注意，你的嗅觉感受可能与朋友不同。你完全判断失误了吗？这当然不要紧。你可能是累了、感冒了、太紧张了……或者仅仅是被上一杯酒冲昏了头脑！好好享受你的聚会吧，下次会做得更好。

盲品卡示例

嗅觉	香气类别			香气
第一阶段香气	☒ 果香 ○ 糕点香 ○ 烘焙熏烤类香气 ○ 矿物香	○ 花香 ○ 木香 ○ 动物香 ○ 不良气味	○ 植物香 ○ 香料香 ○ 灌木类香气	黄色水果：杏；熟透的杏
第二阶段香气	○ 果香 ○ 糕点香 ○ 烘焙熏烤类香气 ○ 矿物香	☒ 花香 ○ 木香 ○ 动物香 ○ 不良气味	○ 植物香 ○ 香料香 ○ 灌木类香气	浓香的白花：茉莉
第三阶段香气	○ 果香 ☒ 糕点香 ○ 烘焙熏烤类香气 ○ 矿物香	☒ 花香 ○ 木香 ○ 动物香 ○ 不良气味	○ 植物香 ○ 香料香 ○ 灌木类香气	介于花和糕点之间：蜂蜜
嗅觉感受	○ 微弱的	○ 中等的	☒ 浓郁的	○ 强烈的

味觉	香气类别			香气
回溯嗅觉	☒ 果香 ○ 糕点香 ○ 烘焙熏烤类香气 ○ 矿物香	○ 花香 ○ 木香 ○ 动物香 ○ 不良气味	○ 植物香 ○ 香料香 ○ 灌木类香气	另一种黄色水果：榅桲

香气的持久性	榅桲和蜂蜜的香气较持久。

甜味	○ 无	○ 微甜	☒ 甜	○ 超甜

圆润度	○ 坚实	☒ 圆润	○ 肥厚	○ 滑腻

酸度	○ 平淡	○ 清爽	☒ 活跃	○ 强劲	○ 刺激

单宁〔含量 / 品质〕	☒ 无 ○ 似天鹅绒	○ 融合 ○ 丝滑	○ 柔顺 ○ 细致	○ 富含单宁 ○ 粗糙	○ 收敛 ○ 粗劣	○ 苦涩

酒精	○ 微弱	○ 轻微	○ 一般	○ 温热	○ 灼烧

口感	○ 水质味 ○ 易醉 ○ 生硬	○ 单薄 ○ 度数高 ○ 醇厚	○ 平淡 ○ 厚重 ○ 结构完整	○ 爽口 ○ 黏腻	☒ 活跃 ☒ 丰富	○ 微酸 ☒ 浑厚	○ 刺激 ○ 饱满

整体印象	这是一款带甜味的、优雅的、均衡的葡萄酒。

由此推断：	这是一款微甜且芳醇的白葡萄酒，由白诗南葡萄酿造。因此，它产自法国的卢瓦尔河谷。由于它既优雅又活泼，我猜这是一瓶武弗雷吧？

如何自信满满地品酒

均衡问题

你可能觉得已经掌握了所有的品酒步骤，也许就差一个结论了。但并不是把一款葡萄酒的所有特点堆积起来就组成了一个整体性的描述。以人为例：身高 1.76 米，体重 75 公斤，绿色的眼睛……这些都不足以描述你好朋友的样子。我们更想了解的是他帅吗？人好吗？有幽默感吗？

如果特点突出

因酒精含量大而度数高，因酸度适中而口感活跃，因单宁突出而有紧涩感……这款酒虽然是失衡的，但它却有自己的特点。

如果口感均衡

一瓶白葡萄酒的酸度和圆润度相差无几？一瓶红葡萄酒的酸度、酒精含量、单宁含量完全一样？它是均衡的葡萄酒！注意，均衡的葡萄酒可没那么神圣，有些葡萄酒恰恰在失衡中得以绽放精彩。此外，这一概念根据产地的不同而有所区别：南方的葡萄酒酒精度更高，北方的葡萄酒天生就含有较高的酸度。

除了均衡性，喜好也很重要

还有一个基本问题要问你：你喜欢这款酒吗？正常情况下，你现在应该清楚一款葡萄酒令你愉悦的原因了。因为它的香气，它的结构，它的……均衡性？
有时一款葡萄酒符合一切标准，却并未因此而博得你的喜爱。一款既不失衡又没有缺陷的葡萄酒似乎令你不感兴趣，可能只是因为它……乏味而无聊！不要忽视这一点。一个小小的瑕疵也许却可以造就一款葡萄酒的独特魅力：古老的"伊康城堡"［Château d'Yquem］葡萄酒正是因其特有的轻微易挥发性［源自挥发性的酸，一种介于清漆、胶水和醋之间的气味］而博得粉丝们的一致赞誉！

葡萄酒的类别

根据之前的评判，你应该能够按照以下等级对你品鉴的葡萄酒进行排列：

白葡萄酒

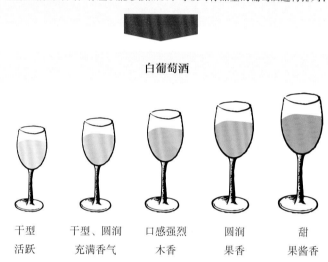

| 干型 | 干型、圆润 | 口感强烈 | 圆润 | 甜 |
| 活跃 | 充满香气 | 木香 | 果香 | 果酱香 |

红葡萄酒

| 清雅 | 简单 | 口感丝滑 | 口感浓郁 |
| 爽口 | 果香 | 且迷人 | 且有香料香 |

喝下还是吐掉?

当你在吃晚餐或者参加聚会时，应该喝下葡萄酒

▶ 如果只有你一个人把葡萄酒吐掉，别人会认为你是个附庸风雅的人；

▶ 吐掉葡萄酒的动作显得很不性感；

▶ 如果你同时在吃晚餐的话，你可能会搞错你应该吐掉的东西；

▶ 喝葡萄酒是沉稳的体现，在餐桌上享用葡萄酒是一件乐事，如果你懂得享受这种乐趣，你就没有理由吐掉它。

以下情况例外： 你接下来还要品尝若干种葡萄酒；你还要开车；你参加的是一场品酒会，那里有很多种葡萄酒；你怀孕了。

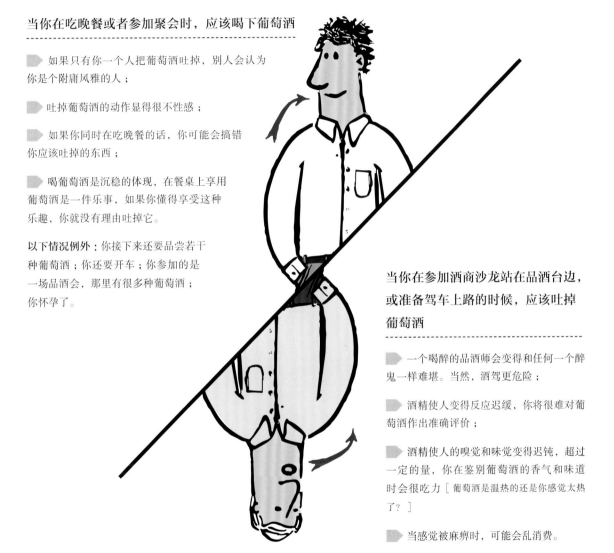

当你在参加酒商沙龙站在品酒台边，或准备驾车上路的时候，应该吐掉葡萄酒

▶ 一个喝醉的品酒师会变得和任何一个醉鬼一样难堪。当然，酒驾更危险；

▶ 酒精使人变得反应迟缓，你将很难对葡萄酒作出准确评价；

▶ 酒精使人的嗅觉和味觉变得迟钝，超过一定的量，你在鉴别葡萄酒的香气和味道时会很吃力［葡萄酒是温热的还是你感觉太热了？］

▶ 当感觉被麻痹时，可能会乱消费。

如何自信满满地品酒

如何优雅地吐掉葡萄酒？

控制吐出的方向，不要把酒喷到别处。

低头，避免酒流到下巴上。保护好你的头发、围巾、领带这些可能沾到喷溅物的东西。

嘴唇呈 O 型，就像法文读出的"好……酒"。

小窍门

用吹口哨的力气把酒一次性吐掉。如果你任凭葡萄酒慢慢流到吐酒桶里，这会发出像排小便一样的声音。

品酒而不酗酒

酒精的危害，葡萄酒的好处

所有的葡萄酒爱好者们一定要做到适度而理性地饮酒。

 你要牢记 15 世纪帕拉塞尔斯［Paracelse］医生说过的话：**毒药与良药的区别在于剂量的控制。**

 半杯：这是适宜的饮酒量。这样，你可以用 3 杯的量品尝 6 款不同的葡萄酒。

 世界卫生组织建议：男性每日饮酒量不要超过 3 杯，女性不要超过 2 杯，节日聚会时不应超过 4 杯，遵循每周戒酒一天的原则。

 一杯水：手边要放一杯水。记住这句谚语：红酒带来快乐，清水止住口渴。

 过度饮酒：酒精会损伤肝脏、胰腺、胃、食道、咽喉、大脑……可能引起肝硬化和癌症。经常饮酒会形成一种习惯，进而变成难以根除的生理依赖。在法国，酗酒是第二大死亡原因［仅次于吸烟］。

法式悖论

作为全球葡萄酒第一大消费国［每年人均消费 50 升］，为什么法国与其他国家相比患心血管疾病的人数反而更少呢？这是法国文化的悖论。

实际上，适度饮酒对身体有一定好处。2011 年公布的一项分析结果表明，适度饮用葡萄酒［每日 1—2 杯］可以将患心血管疾病的风险降低 34%，还可以预防 II 型糖尿病和神经退行性疾病［阿尔茨海默病、帕金森综合症］的发生。法国西南部的人们爱吃油腻食物，但经常以富含单宁的葡萄酒佐餐，高单宁的葡萄酒具有惊人的抗氧化性，这就是法国西南部心血管疾病的患病率比北部更低的原因。

寻找梦想中的葡萄酒

至此，根据你的品酒经验，该确定你喜欢的口味了。这样，才有可能买到一瓶自己真正喜欢的葡萄酒。

酒罐还是橡木桶？

你喜欢

尤其偏爱果香、花香、干草香、香草香、浸泡香？
你喜欢爽口的、轻盈的、活跃的、微酸的口感？那么
你钟情于在酒罐中发酵的葡萄酒。

为什么？

因为沉睡在酒罐中的葡萄酒，无论是水泥罐还是不锈
钢罐，不会接收任何来自于容器的香气或味道。因此，
这种葡萄酒中的香气完全是葡萄在酿造者的帮助下自
我释放的结果。

你喜欢

果香中带有橡木等树木、松脂、香草、椰果、丁香花
蕾的气味，伴有烤面包、杏仁巧克力、焦糖的香气？
你喜欢芳香、圆润、天鹅绒似的口感？那么你钟情的
是在木桶中发酵的葡萄酒。

为什么？

因为橡木桶会和葡萄酒进行交流，向它传递新的香气，
改变酒的结构、单宁和色泽。

 木桶的味道？

在过去的 20 年中，散发着浓郁木香的葡萄酒十分流行。
以至于很多产区选择在酒罐中加入小木板或者碎木屑来发
酵葡萄酒，这样可以低成本地再现和橡木桶一样的发酵效
果……如今，浓郁木香的葡萄酒不再是人们追逐的梦想了。

葡萄酒生活提案

酒桶中的酿造过程会对葡萄酒的最终味道产生巨大影响

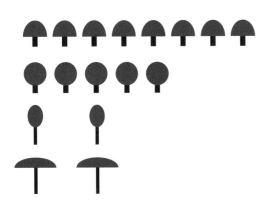

木材的选择

橡木占绝对的主导地位。品质不高的栗树几乎已经不再使用了，但我们发现了其他有着独特香气的树种，可用于葡萄酒生产，如白坚木、相思树。

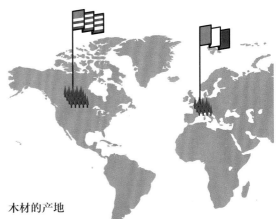

木材的产地

就橡木而言，像美国橡树［椰果香、甜味］与法国橡树［香草香］，还有大名鼎鼎的特朗赛［Tronçais］林区的橡树，它们之间的酿酒功效存在巨大差异。

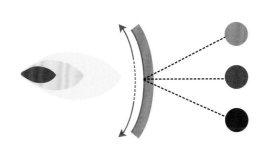

酒桶的加热

在制造橡木桶时，箍桶匠会用一个火盆将橡木烧热。熏烤的过程会让橡木留下香料味、烟熏味、糊味，为葡萄酒带来香草、咖啡、烤面包片、焦糖等气味。

酒桶的年龄

新橡木桶可以向葡萄酒传递很多香气和单宁。尤其在葡萄酒"威力不足"的情况下，橡木桶传递的物质就更多，它还能赋予葡萄酒一个必要的结构，用来吸收这些物质并将其与酒液融合为一体。因此我们常说橡木为葡萄酒戴上了面具。相反，一个 4 年以上的老橡木桶几乎不再传递任何香气，几乎成为一个平淡的容器。根据葡萄酒的情况，酿造者会选择年龄与之相配的橡木桶。

如何自信满满地品酒

新酒还是老酒？

这是一个口味的问题……但也是钱的问题！老酒的价格一般比新酒贵得多：不管怎样，你不必以更雅致为借口而强迫自己喜欢老酒。毕竟，腐殖质、泥土、蘑菇、皮草的气味太特殊了……不可能符合所有人的口味！

新酒

你喜欢靓丽的颜色、布满鲜花的田野、清脆的苹果、多汁的草莓、意大利芝士、比萨，喜欢夏日在果园里漫步，采摘水果？瞧！你喜欢年轻漂亮、香气四溢的葡萄酒。

老酒

你喜欢秋天，在红色的丛林中溜达，喜欢大皮椅和吸烟室的气氛，喜欢焖野猪肉、核桃和松露？你的银行账户活该倒霉，你的味蕾需要的是老酒。

品种酒还是风土酒？

我们把体现葡萄品种的葡萄酒叫作品种酒。而风土酒突显的是酒的地理来源、气候环境以及酿酒师的技巧。

品种酒

你认为葡萄酒只要品质保障就可，而无需太贵，喜欢没有花里胡哨的外表，简简单单的葡萄酒，喜欢和朋友在晚上边吃薯片边看电视？不要伤脑筋了，选择一瓶品种酒吧。这种酒虽然不够细致，不会令你眼前一亮，但它能让人度过一个愉快的夜晚，既不唯我独尊，也不招人讨厌。最好打消去超市买廉价酒的念头，最好选择熟知的葡萄品种［如长相思或西拉］且价格适中。

风土酒

你希望在葡萄酒中寻找一种情怀，感受土壤的肥沃或是砾石土的酸味，品味炎热之年的圆润感，体会古老的或已被遗忘的葡萄品种的忧伤，欣赏酿酒师的精湛技艺？无疑，你想要的是"风土酒"，它的品鉴需要的是专心与细心。风土酒不一定很贵，但你在超市很难找到。你可能需要走进专卖店或酒庄，去购买好的风土酒。

旧世界还是新世界？

尽管有些"新世界"［美洲和澳洲］葡萄酒和欧洲葡萄酒很相似，我们一般还是能从气味上和口感上发现它们的区别。

"新世界"葡萄酒

你喜欢喝甜酒，喜欢吃油腻的甚至高脂肪的菜肴？那么十有八九吸引你注意力的是新世界葡萄酒。这种葡萄酒散发着香草和奶油般的香气，易饮而且口感十分圆润，有时略显肥厚，无论是白葡萄酒还是红葡萄酒都相当迷人，甚至令人销魂。这种酒大多有果酱的香气，虽然没有复杂的结构，却能如此迅速地博得人们的芳心！而且性价比不错。从新世界的白葡萄酒中，我们通常能闻到欧洲产区葡萄酒中罕见的热带水果的香气。而且如今越来越多的新世界酒庄的酿酒师们在辛勤劳作，精心酿制口感活跃而细腻的葡萄酒，我们期待他们生产出更多的好酒。

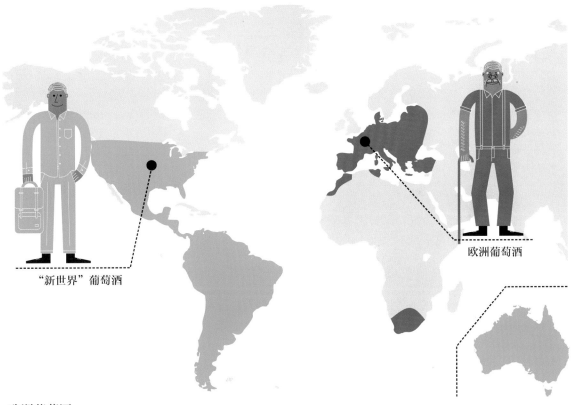

"新世界"葡萄酒

欧洲葡萄酒

欧洲葡萄酒

你喜欢口味清爽，酸度清晰而有张力，极端内敛的葡萄酒？欧洲葡萄酒正在向你伸出双臂。这种葡萄酒被人称赞有加的优点也是它饱受指责的缺点，因为它香气不足，酸度高，有时含有收敛性的单宁，但这是为了更好地展现葡萄酒的精妙与优雅。注意，不要陷入"贵就是好"的论调：某些产自意大利、西班牙和法国南部的葡萄酒同样可以展现出独特的一面。

如何自信满满地品酒

工艺酒、有机酒还是无硫酒？

工艺酒

抛开年份、土壤、产地不谈，工艺酒的平衡性足以经受住任何考验，而且无可比拟。它是商务聚餐、正式谈判的上选葡萄酒。实际上，现代葡萄种植业允许使用极度考究的方法来生产葡萄酒，以便更好地迎合大众的口味。

建议

坦白讲，这种万能的葡萄酒很多人可能不喜欢：它过于顺滑，甚至有点平淡乏味。但它的优点是丝毫不会令人感到意外，味道不会怪得让人龇牙咧嘴。超市里的很多葡萄酒都属于这种类型，而且它们大多产自知名酿酒厂。

有机酒

如果说仅仅从品酒几乎不可能分辨出葡萄源自有机农业还是理性农业［化学产品的适当使用是"合理的"］，那么土壤状况可以帮助我们做出区分：有机酒富含更多的矿物质、活的有机体，它的土壤更……活跃。

建议

土地会因化学物质过剩而变得贫瘠，而与之"素不相识"的土壤则还能够生产出蕴含着完美矿物香的葡萄酒。当然，前提是葡萄质量一定要好，酒庄的工作流程要遵循和葡萄栽培一样的原则。如今，世界顶级酒庄正致力于酿造越来越多的有机葡萄酒和生物动力葡萄酒，这些酒大部分带有"欧盟 Ecocert 有机认证"、"AB"、"Demeter"、"Biodyvin" 等有机认证标签。

无硫酒

你对不添加硫的葡萄酒感兴趣？尽管之前不多见，但现在这种酒在巴黎街头的时尚酒吧里已经越来越流行。无硫酒一般采用生物动力法生产，在酿造和装瓶的过程中不添加硫成分。这种葡萄酒的酒体不稳定，也不受氧气保护。结果导致：它很脆弱，容易在瓶中发生任何可能出现的变化。无硫酒可能很快就被氧化，但如果硫化物添加过多的话，也会散发出卷心菜的气味。

建议

这有点撞大运的意思：有时，无硫酒令人失望，因为它发出近乎烂苹果和干核桃的气味。但你如果足够幸运，则可能碰上一瓶极棒的酒。总之，有风险！

根据场合挑选葡萄酒

你发现了吗？人们在冬天喜欢吃干酪焗土豆，在夏天喜欢吃蔬菜沙拉。就葡萄酒而言，道理是一样的。你不要只根据口味来选择葡萄酒，还要依据时机。

以下是一些建议，仅供参考：

度数高的葡萄酒让你在情人面前展现出性感的一面，在岳母面前表现出微醺的样子。

醇厚的葡萄酒适用于朋友之间的闲聊，微酸的葡萄酒适用于更商务性的谈话。

天气炎热的时候，人们一般喜欢喝干白葡萄酒、桃红葡萄酒或清雅的红葡萄酒。在冬天，人们不由自主地折服于浑厚的白葡萄酒或容易上头的红葡萄酒。

和老板用餐时，更适合饮用庄重的葡萄酒［或工艺酒］。把那些个性十足的酒留给你的好朋友们吧。

要有选酒的技巧：简单的场合选择简单的葡萄酒，不同寻常的时刻选择口感复杂的葡萄酒。

强劲的葡萄酒也许不适合午餐时饮用，但可以在晚上使人精神振奋。

如何自信满满地品酒

时值 8 月末 9 月初。对于学生和他们的父母来说，这是返校，恢复工作，一切重新开始的日子。但对于采收葡萄的人而言，这个时期反而意味着结束，而且是个激动人心的终结时刻。

在大四开始之前,埃克托尔打算利用暑假的时间到乡下去打打零工。他是个健壮、勇敢的男孩。这点很重要，因为他选择的工作恰恰需要这两种品质。他的工作是：采摘葡萄。他去了朗格多克的庄园，还没忘记带上他的遮阳帽。埃克托尔用别人借给他的修枝剪来采摘西拉葡萄、歌海娜葡萄和慕合怀特葡萄。于是他学会了鉴别不同的葡萄品种，观察葡萄树的年龄，了解葡萄树的生命周期和栽培方法。晚上，他和其他收葡萄的人一起吃晚饭，喝本产区酿造的葡萄酒。要离开的时候，他们还举行了一场盛宴。

距离开学还有几周的时间，埃克托尔决定留下来学习葡萄酒的酿造过程，酿酒师同意了他的请求。于是，他见证了葡萄酒的生产过程，懂得了年份和陈酿的重要性。

从那以后，他对葡萄酒的酿造，以及葡萄酒产生气泡或发甜的原因有了更深入的了解。本章献给所有和埃克托尔一样，希望了解葡萄酒由来的朋友们。

品种与酿造
葡萄酒的基因

葡萄的浆果和苗木·白葡萄品种·红葡萄品种
葡萄树的生命周期·采收葡萄的时机·如何酿造葡萄酒

葡萄的浆果和苗木

浆果的解剖

果柄：含有丰富的单宁和大多数人都不喜欢的草本味道。通常，酿酒师在酿造前都会去除果柄，因为它会破坏葡萄酒的口味。

果肉：大多是无色的，某些名为"染色葡萄"的品种除外。果肉的主要成分是水、糖和酸。

果核：富含优雅的单宁〔你在嚼葡萄籽时会发现它是涩的〕。果核是红葡萄酒结构中的重要来源。

果霜：是一种白色的蜡质层。它能够保护果实免受外界的侵袭，同时这里还有一种重要的物质——酵母菌。酵母菌与糖分发酵后能够产生酒精。

果皮：含有色素，是葡萄也是葡萄酒颜色的主要来源。葡萄皮中还含有芳香物质。

与鲜食葡萄相比

酿酒葡萄与鲜食葡萄的品质是不同的。人们在饭后喜欢吃那些多汁、皮薄、籽少或无籽的葡萄。相反，人们一般用皮厚有籽的葡萄来酿酒，因为厚厚的果皮可以用来提取色素和香气，葡萄籽则能够给红葡萄酒带来充足的单宁。

果实之间的差异

根据类型或品种的不同，葡萄果实在大小和特性方面会呈现出一定的差异性。即使是同一品种的葡萄，因天气、土壤、种植者的技术水平等因素的不同会对葡萄产生一定的影响。如果葡萄树的水分充足，果实就能够从中获取养分，从而长得很饱满，果皮也相对较薄。反之，在干旱条件下，葡萄就长得更小，果皮较厚，厚厚的果皮里凝聚着葡萄酒的香气。

酿酒葡萄的品种

品种是指酿酒葡萄的不同植株种类。每个品种都有各自的特点。目前世界上约有 10000 种葡萄品种，其中，法国批准种植的葡萄品种有 249 种。然而，3/4 的葡萄产区仅使用了这些葡萄品种中的 12 种左右。

为了生产高品质的葡萄酒，人们一般使用些特殊的酿酒葡萄品种。这是专为葡萄酒酿造而培育的葡萄品种，但除此之外也有其他品种，如美洲葡萄。这些品种都属于葡萄科葡萄属。葡萄科这个庞大的家族汇集了所有葡萄树种，例如房屋外墙的爬山虎，也是葡萄科的植物。

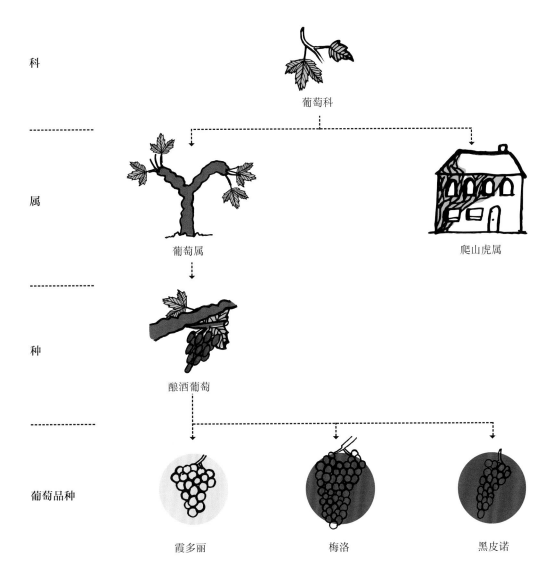

科　　　　　葡萄科

属　　　　　葡萄属　　　　　　　　　　爬山虎属

种　　　　　酿酒葡萄

葡萄品种　　霞多丽　　　　　梅洛　　　　　黑皮诺

品种与酿造——葡萄酒的基因

CHARDONNAY

霞多丽

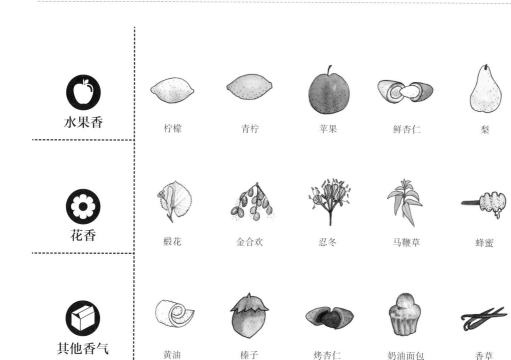

水果香	柠檬	青柠	苹果	鲜杏仁	梨

花香 椴花　金合欢　忍冬　马鞭草　蜂蜜

其他香气 黄油　榛子　烤杏仁　奶油面包　香草　烤面包

特 点

它风情万种，其肤色根据产地、风土、种植技术的不同而有所变化，散发出浓郁的花香或果香。比如在勃艮第北部的夏布利产区，有时表现出鲜明的矿物香；比如在加州，有时呈现出性感的黄油味。

能屈能伸的个性使它没有特定的香气，常见的香气有：柠檬、金合欢、黄油。酿酒师一般通过在橡木桶中陈酿的方法增加它的烟熏味和烤面包味。

知名度

当之无愧的"老大"。它通常用来酿造全球最顶级的干白葡萄酒，价格也是最贵的。此外，它也可以用于酿造香槟。

适宜的气候

冷热均可。这种葡萄品种能适应各种气候，这也是它深得人心的原因，但它会根据气候来"变脸"。在寒冷气候下，它口感干涩，饱含浓郁的矿物香；在炎热气候下，它口感滑腻，带有成熟水果的香气。

产 地

法国：勃艮第、香槟区、汝拉、朗格多克、普罗旺斯。

其他国家:美国加州、加拿大、智利、阿根廷、南非、中国、澳大利亚。

SAUVIGNON

长相思

水果香

柠檬　　　　青柠　　　　柚子　　　　香柠檬

热带水果香

菠萝　　　　西番莲

叶香和花香

茉莉花　　　青草　　　黑茶藨子的花　　　接骨木

其他香气

烟熏　　　　火石　　　　白垩

特 点

它是酒杯中最富有表现力的葡萄品种之一。它酿造的葡萄酒散发出清新活跃的柑橘和嫩草的香味，让人联想到明媚的春天和生活的乐趣。在酿酒师和风土的作用下，它有时充满烟熏和火石的气味。它在口鼻中都表现得很活跃，有时甚至有点刺激性。在酿造过程中，它可以单独酿造，也可以和它的波尔多同伴赛美蓉来混酿，酿造出的葡萄酒带有轻盈的美感。

知名度

卢瓦尔河谷的桑塞尔［Sancerre］和波尔多白葡萄酒久负盛名，这使得长相思变得非常受欢迎，并被出口到很多国家。长相思酿造的葡萄酒既易饮又易赏，它也因此而成为"品种"白葡萄酒追捧的明星。这些"品种"白葡萄酒无时无刻不散发着葡萄品种的芳香。

适宜的气候

喜欢温带气候。如果天气太冷，它会散发出酸涩味，甚至是猫尿味。如果天气太热，它会散发出热带水果的气味，但过多的话就会产生令人反感的味道。

产 地

法国：卢瓦尔中央大区、波尔多、西南产区。
其他国家：西班牙、新西兰、美国加州、智利、南非。

品种与酿造——葡萄酒的基因

CHENIN

白诗南

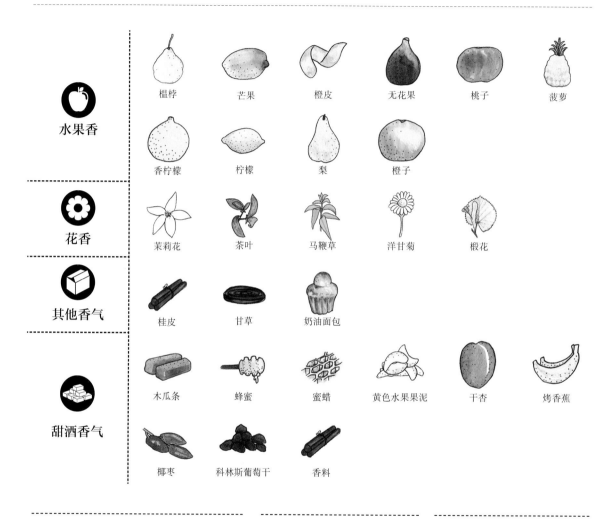

水果香

榅桲　　芒果　　橙皮　　无花果　　桃子　　菠萝

香柠檬　　柠檬　　梨　　橙子

花香

茉莉花　　茶叶　　马鞭草　　洋甘菊　　椴花

其他香气

桂皮　　甘草　　奶油面包

甜酒香气

木瓜条　　蜂蜜　　蜜蜡　　黄色水果果泥　　干杏　　烤香蕉

椰枣　　科林斯葡萄干　　香料

特 点

出人意料的是，它既温柔又充满活力。酸爽温和的口感使它成为酿造起泡酒、干型、半甜型、甜型、超甜型葡萄酒的佳品。从木瓜到马鞭草，它香气多变，足以用来单独酿酒，无需和其他品种混酿。它酿造的一些甜白葡萄酒能够存放数十年的时间。

知名度

它多样化的口感，有一点神秘，但这个品种正在吸引越来越多的忠实粉丝。

适宜的气候

适合温带的气候。太冷或太热都会令它口感发酸。

产 地

法国卢瓦尔河谷、南非、美国加州。

GEWURZTRAMINER

琼瑶浆

 水果香

 荔枝   菠萝   西番莲   橙皮

 花香

 玫瑰   牡丹

香料香

 桂皮   肉豆蔻   甘草

 **甜酒香气**

 焦糖   皮革   椰枣   芒果   蜂蜜   香料面包

 杏仁巧克力   果脯

特 点

独特的玫瑰和荔枝的香气使它很容易辨认，有的琼瑶浆还带有香料味。法语中，"琼瑶浆"这个词的前缀就来自德语词"gewürze"，意为"香料"。它口感简单而芳香，但如果酸度不足，甜琼瑶浆酿出的葡萄酒就会甜得发腻。如果陈酿得当，它将成为餐后甜点的绝配。只是它很少和其他品种一起混酿。

知名度

依据个人口味的不同，对琼瑶浆的评价也褒贬不一。它一般用作餐前开胃酒、餐后甜点酒，是圣诞大餐或搭配［中式、泰式、日式等］亚洲菜的绝佳之选。

适宜的气候

喜欢寒冷环境，生长在北方或大陆性气候中，十分抗寒。

产 地

法国阿尔萨斯、德国、奥地利、意大利北部。

VIOGNIER

维奥涅尔

水果香

 杏　　 黄桃　　 白桃　　 橙皮　　 梨　　 哈密瓜

花香

 紫罗兰　　 鸢尾花　　 金合欢

其他香气

 麝　　 香料　　 蜂蜡　　 烤榛子　　 烟草

特 点

维奥涅尔葡萄酒拥有杏和桃子的香气，通常口感顺滑、醇厚，容易醉人。如果酿造得当，维奥涅尔葡萄酒看上去绚丽无比，展现出罕见的优雅姿态；如果酿造不当，葡萄酒则显得厚重、黏腻。该品种起源于罗讷河谷，仅用于酿造顶级葡萄酒，但通常也和该地区的其他品种联姻，如玛珊、胡珊 [Roussane]，甚至还可以加入一点点西拉葡萄。

知名度

它酿成的罗讷河谷顶级白葡萄酒魅力十足，但价格偏高，在法国之外的地区种植较少。

适宜的气候

它适合温暖或炎热的气候。此品种种植难度大，产量少，关键是要在天然的圆润度和适宜的酸度之间达到微妙的平衡。

产 地

法国：罗讷河谷、朗格多克。
其他国家：美国加州、澳大利亚。

葡萄酒生活提案

SÉMILLON

赛美蓉

水果香

 柠檬　　 橘子　　 橙子　　 香柠檬　　 杏　　 糖渍梨　　 无花果

花香

 椴花　　 金合欢

其他香气

 黄油

甜酒香气

 杏仁巧克力　　 蜂蜜　　 蜂蜡　　 椰枣　　 木瓜条　　 橙皮　　 果酱

特 点

赛美蓉十分利于贵腐霉菌的生长，是酿造波尔多奢华甜白葡萄酒的优良品种［"贵腐霉"能够聚集糖分，从而酿制出顶级甜白葡萄酒］。赛美蓉酿造的干型葡萄酒品种口感厚实，酒香淡雅，却有着很高的窖藏潜质。赛美蓉的全部潜力只有在甜白葡萄酒中才真正得以释放。赛美蓉从不单独酿酒，它的闺蜜是长相思，它们的混酿能够给葡萄酒带来圆润感。赛美蓉有时也和蜜斯卡岱搭配混酿。

知名度

它是当之无愧的冠军。它酿造的顶级苏玳销路异常火爆，受到全球葡萄酒爱好者的热捧。

适宜的气候

它适合温和的海洋性气候，这样可以确保贵腐菌在秋天里健康成长。

产 地

法国：波尔多、西南产区。
其他国家：澳大利亚、美国、南非。

RIESLING

雷司令

水果香

柠檬	青柠	香柠檬	苹果	黄香李

花香

忍冬	金合欢	薄荷	椴花

其他香气

石油	火石

特 点

这个"日耳曼大帝"从不把土壤放在眼里：它能够再现孕育它的风土条件，没有任何一个品种可以做到这一点。它的武器便是矿石味。除了果香和花香，顶级雷司令中含有令人惊喜的矿物香。陈年之后的雷司令会散发出一种石油味，这是其另一个引人注目的特点。我们还能在其中发现一种被柑橘和鲜花包裹着的咸矿石的味道。雷司令可以用来酿造干型或超甜型葡萄酒。甜酒使用秋季迟摘，或冬季精选的贵腐葡萄，甚至可以用来酿造冰酒。它基本不与其他葡萄品种进行混酿。

知名度

雷司令是一位十足的明星。它和霞多丽被品酒师们视为两个最佳白葡萄酒品种。它的品质在 20 世纪时被低估，但随着酿造过程的改良，雷司令再次成为爱酒者的新宠。

适宜的气候

适合寒冷气候，它是杰出的北方品种。当然，它也能够适应炎热气候，但这会令它丧失大部分复杂感、优雅感和精致感。

产 地

法国阿尔萨斯、德国、卢森堡、澳大利亚、新西兰、加拿大。

MARSANNE

玛珊

水果香

鲜杏仁　　桃　　杏　　苹果　　橙子　　果干

花香

茉莉花　　金合欢

其他香气

核桃　　松露　　杏仁糕　　蜂蜡

特　点

该品种酿造的葡萄酒口感强劲圆润，无论何种酒体，都散发出杏仁、茉莉和蜂蜡的香气。它很少单独酿酒，通常与其他品种进行混酿，特别是常和同样产自罗讷河谷的胡珊葡萄混酿。

知名度

它并不是很有名，但在法国，玛珊和胡珊的混酿相当普遍。玛珊有时也和侯尔 / 韦尔芒提诺［Vermentino］、白歌海娜［Grenache Blanc］或维奥涅尔进行搭配。

适宜的气候

适合炎热气候。它的葡萄藤下布满了小石子。

产　地

法国：罗讷河谷、朗格多克及法国南部地区。
其他国家：澳大利亚、美国加州。

Rolle / Vermentino

侯尔 / 韦尔芒提诺

水果香

 柚子　　 梨　　 黄苹果　　 桃　　 菠萝　　 鲜杏仁

花香

 山楂花　　 洋甘菊　　 小茴香　　 茴香　　 八角茴香

特 点

科西嘉白葡萄酒通常由 100% 的韦尔芒提诺酿造，该品种又叫侯尔。它在普罗旺斯常和许多葡萄品种混酿，如：白玉霓［Ugni Blanc］、玛珊、白歌海娜、克莱雷特［Clairette］、霞多丽、长相思。韦尔芒提诺酿造的葡萄酒口感清爽，香气浓郁，散发着梨和茴香的气味，余味中伴有一丝苦涩。这种苦味若不强烈便是十分美妙的。

知名度

是夏季搭配鱼类的佳品，而与冬季菜品的搭配却不容易被人接受。

适宜的气候

适合炎热气候，它酷爱阳光，也适应干枯贫瘠的土地。

产 地

法国：朗格多克-鲁西永、法国东南部地区、科西嘉。
其他国家：意大利的撒丁岛、托斯卡纳。

MUSCAT

麝香

水果香

 葡萄　　 柠檬　　 苹果

花香

 椴花　　 玫瑰

甜酒香气

 蜂蜡　　 木瓜条　　 果酱　　 橙皮　　 葡萄干

特 点

小粒麝香葡萄［也叫 Muscat de Frontignan，或 Moscato］是一种源自希腊的品种，从古代开始种植，现已遍布整个欧洲。它拥有干涩的口感、芬芳的花香，是产区中唯一一个释放着又鲜又脆的葡萄气息的品种。麝香葡萄在意大利用于酿造美味细腻的起泡酒，在法国南部和希腊用来酿造甜葡萄酒。它酿造的甜葡萄酒适和在餐后甜点时饮用，如：Muscat-de-Beaume-de-Venise、Muscat-de-Rivesaltes。不要和亚历山大麝香［Muscat d'Alexandrie］、奥托奈麝香［Muscat ottonel］或蜜斯卡岱干白葡萄酒相混淆。

知名度

麝香极受老年人欢迎，在年轻人眼中却就没有那么讨喜。

适宜的气候

适应温暖气候。

产 地

法国：阿尔萨斯［干白］和法国南部［加强型葡萄酒］、科西嘉。
其他国家:意大利、希腊、西班牙、葡萄牙、澳大利亚、奥地利、东欧、南非。

PINOT NOIR

黑皮诺

品种香

 樱桃　 覆盆子　 草莓　 黑茶藨子　 鸢尾　 紫罗兰

发酵香

 木材　 香草　 桂皮　 烟草

陈年香

 皮草　 皮革　 灌木　 青苔　 松露　 麝

特 点

黑皮诺是勃艮第的葡萄皇后，它是一种强调细腻度而非强劲度的葡萄品种。黑皮诺葡萄酒呈现出微微发亮的红宝石色，散发着红色水果的香气，美艳动人，有着丝般柔滑的口感，而且酸度不高。黑皮诺葡萄酒经过陈年后才会显露出它性感的一面，散发出秋林、皮革和雅致的松露的香气。它通常单独酿造，不和其他品种混酿。

低单宁　　　高单宁

知名度

好评无数！这是全球最受欢迎的［也是种植最为广泛的］葡萄品种之一。顶级勃艮第黑皮诺价格不菲。所幸的是，也有物美价廉的黑皮诺，非常易饮，适合各种场合饮用。

适宜的气候

喜爱凉爽环境。该品种皮薄，如果太过炎热，会使它成熟过快，造成果实风味松散。

产 地

所有种植酿酒葡萄的地方都能见到它的身影，在欧洲、北美、南美、南非……但最佳种植地区是法国勃艮第、香槟区，美国俄勒冈、新西兰和澳大利亚。

CABERNET-SAUVIGNON

赤霞珠

品种香

 黑茶藨子　 桑葚　 蕨类　 甜椒　 茉莉花　 檀香木　 松脂

发酵香

 橡树　 香草　 丁香花蕾　 甘草

陈年香

 皮革　 烟草　 野禽　 雪松　 铅笔芯　 松露

特 点

赤霞珠是葡萄酒中的国王，它是波尔多葡萄品种中的王者。它产自波尔多地区，有着长久的陈年潜质，耐力堪比马拉松运动员，而丰富的单宁是其陈放数十年之久的秘诀。赤霞珠葡萄酒能够释放出极其复杂的黑茶藨子、烟草、野禽、雪松的香气。赤霞珠酿造出的葡萄酒口感强劲，结构严谨，沉稳内敛。年轻时的它显得很寡淡，甚至不太合群。这就是它常常与性情温厚的梅洛［Merlot］葡萄混酿的原因。

知名度

和黑皮诺一样无与伦比。它是全球种植最为广泛的红葡萄品种。它所酿造的葡萄酒价格昂贵。

适宜的气候

喜欢偏炎热气候。该品种的特点是形细小，皮极厚，成熟晚，因此需要阳光的呵护。

产 地

遍布各地，从法国到中国，尤其是法国波尔多和南部地区，以及意大利、智利、美国等地。

低单宁　　　　　高单宁

品种与酿造——葡萄酒的基因

MERLOT

梅洛

品种香

李子干　　　　桑葚　　　　蓝莓　　　　黑樱桃　　　　紫罗兰　　　　薄荷

陈年香

皮革　　　　野禽　　　　肉汁

特 点

梅洛和赤霞珠是最佳拍档，但它也可以单独酿酒，因为它的口感饱满、甜美、令人愉悦。它也喜欢和品丽珠［Cabernet Franc］搭配，酿造顶级波尔多葡萄酒，因为品丽珠可以延长梅洛的寿命。

知名度

梅洛果香甜美，易饮，是十分受欢迎的红葡萄品种，尤其得到波尔多右岸的葡萄酒爱好者们的青睐。

适宜的气候

喜欢温暖气候或稍炎热环境。它的特点是易种植，粒大皮薄，容易成熟。

产 地

法国：波尔多、西南产区、朗格多克—鲁西永。
其他国家：意大利、南非、智利、阿根廷、美国加州。

低单宁　　　　高单宁

GRENACHE

歌海娜

品种香

无花果

草莓

蓝莓

肉豆蔻

灌木

可可

桂皮

白酒

发酵香

香草

咖啡

甘草

焦糖

陈年香

无花果干

李子干

摩卡咖啡

皮革

特 点

歌海娜原产于西班牙，它酿造的葡萄酒散发着李子干、巧克力和灌木的浓郁香气，酒香中带有淡淡的甜味，有时酒精浓度较高。它可以酿造桃红葡萄酒，以及混酿或独酿红葡萄酒。在罗讷河谷，它喜欢和西拉一起混酿，用自身的圆润感来缓和西拉的单宁味。

知名度

它是全世界种植最广泛的黑葡萄品种，在教皇新堡［Châteauneuf-du-Pape］常见它的踪影，在班努斯、莫里等产区也很出名。人们喜欢它的可可味。

适宜的气候

适应炎热环境。它畏惧寒冷的春雨，但耐干旱。

产 地

法国：罗讷河谷、鲁西永。
其他国家：西班牙、澳大利亚、摩洛哥、美国等。

低单宁　　　　高单宁

SYRAH

西拉

品种香

 桑葚　　黑樱桃　　 黑茶藨子　　 黑胡椒　　 白胡椒

 肉豆蔻　　黑巧克力　　 紫罗兰　　 甘草

发酵香

 桂皮　　 咖啡　　 烟熏

陈年香

野禽　　无花果　　烟草　　 松露

特 点

西拉葡萄犹如一件暗紫色的晚礼服，其酿造的葡萄酒令人销魂，释放着胡椒、肉豆蔻、甘草的香气，彰显着紫罗兰的温柔与优雅。由西拉独酿的葡萄酒保存期长，酒体丰厚，口感强劲。由西拉与歌海娜混酿的葡萄酒果香优雅，柔顺易饮。

知名度

它是埃米塔日［Hermitage］、罗第丘和圣约瑟夫［Saint-Joseph］的明星，适合陈酿。它也是澳大利亚种植最广泛的红葡萄品种。

适宜的气候

喜爱温暖炎热的环境。

产 地

法国：罗讷河谷、南部地区。
其他国家：意大利、南非。这个品种在澳大利亚、新西兰、智利、美国加州被叫作"Shiraz"。

低单宁　　　　高单宁

CABERNET FRANC

品丽珠

品种香

覆盆子　　　　黑茶藨子　　　　青苔　　　　桉树　　　　甜椒

陈年香

林下灌木　　　泥土

特 点

品丽珠是赤霞珠的祖先，与赤霞珠相比，品丽珠酿造的葡萄酒酒体较轻，口感较单薄。由品丽珠独酿的葡萄酒酒体丝滑，带有黑茶藨子和树叶的气味。采摘过早的品丽珠散发出一种甜椒味。它也可以和波尔多右岸的梅洛葡萄混酿，形成清爽圆润的口感。

知名度

品丽珠种植于卢瓦尔河谷产区，在巴黎的小酒馆里深受欢迎。它也是波尔多地区常见的葡萄品种，适合那些喜欢饮用年轻新酒的人们。

适宜的气候

喜欢温和环境。它比赤霞珠成熟速度更快。

产 地

法国：波尔多、卢瓦尔河谷、西南产区。

其他国家：意大利、智利、澳大利亚、美国。

低单宁　　　　高单宁

品种与酿造——葡萄酒的基因

GAMAY

佳美

水果香	红樱桃	草莓	覆盆子	茶藨子	桑葚	香蕉
花香	茉莉花					
其他香气	巧克力					

特 点

佳美是博若莱的代名词，因为在博若莱产区，佳美的种植面积约占葡萄园总面积的 99%。佳美酿造的葡萄酒，果香异常浓郁，酒液非常迷人。它富含红色水果的新鲜果香，口感清新顺滑，单宁含量低，因此在任何场合都简单易饮。时尚的博若莱新酒采用二氧化碳浸泡法酿造佳美葡萄，令葡萄酒散发出香蕉和糖果的味道。如果酿造方法得当，它也是有陈年实力的品种。

知名度

二氧化碳浸泡法令佳美不被很多人喜欢，但现在有很多的酿酒师精心打理，酿造出集浓度和品质于一身的美酒，佳美才得以再次得到葡萄酒爱好者的青睐。

适宜的气候

喜凉爽温和的环境。它是一个早熟而且多产的品种。

产 地

法国：博若莱、卢瓦尔河谷、阿尔代什河［Ardèche］、勃艮第。
其他国家：瑞士、智利、阿根廷。

低单宁　　　　高单宁

MOURVÈDRE

慕合怀特

品种香

 桑葚　　 甘草　　 灌木　　 桂皮　　 胡椒　　 麝

陈年香

 皮革　　 野禽　　 松露

特 点

慕合怀特葡萄酒几乎是黑色的，酒体强劲，酒精度高。如果说年轻时的它略显健壮，伴有泥土的气息，那么随着年龄的增长，它开始释放出皮革和松露的味道。它通常与其他品种混酿，这样可以令法国南方的葡萄酒带有更加复杂的层次感，无论是红葡萄酒还是桃红葡萄酒。

知名度

这个品种的知名度不高，它的种植需要足够的耐心，它可以酿造普罗旺斯著名的邦多勒红葡萄酒。

适宜的气候

炎热气候，它的特点是皮厚，需要大量的日照才能够成熟。

产 地

法国：罗讷河谷、朗格多克-鲁西永、邦多勒。
其他国家：加州、澳大利亚、西班牙。

低单宁　　　　高单宁

MALBEC

马尔贝克

 水果香　　 黑樱桃　　 蓝莓　　 李子

 其他香气　　 雪松　　 皮革

特 点

谈起马尔贝克，就不得不提到阿根廷。阿根廷酿造的马尔贝克葡萄酒，色泽鲜艳，酒体丰满细腻，如奶油般丝滑。但在法国西南产区，马尔贝克则口感比较粗糙，单宁突出。它可以用于酿造桃红葡萄酒和红葡萄酒，既可以独酿又可以混酿。

知名度

马尔贝克曾经在法国非常流行，可惜后来"失宠"了。如今却在美洲大放光芒。

适宜的气候

它更喜欢炎热气候，对冰冻天气十分敏感。

产 地

法国：波尔多、西南产区。

其他国家：阿根廷、智利、意大利、美国加州、澳大利亚、南非。

低单宁　　　　高单宁

葡萄酒生活提案

CARIGNAN

佳丽酿

水果香

桑葚

香蕉

李子干

其他香气

灌木

甘草

火石

特 点

量产的佳丽酿葡萄酒味道不佳，不仅发酸而且缺乏香气。所以生产者开始减少产量，控制化学物质的使用，让葡萄树自然生长，这样就可以酿造出强劲醇厚的红葡萄酒。当然，它的粗野风格是抹不掉的，同时带着灌木味道和无法复制的矿石香气。现有常常被用来混酿。

知名度

法国南部的很多红葡萄酒和桃红葡萄酒中都有佳丽酿的身影，但这个品种依然不太为人所知。它种植难度大，只有一些"固执"的酿酒师才坚持用它独酿，以满足专业品酒师的需求。

适宜的气候

适宜炎热气候，喜欢阳光充足、干燥有风的环境。

产 地

法国：罗讷河谷、朗格多克、普罗旺斯。
其他国家：西班牙、马格里布［Maghreb］、美国加州、阿根廷、智利。

低单宁　　　高单宁

品种与酿造——葡萄酒的基因

葡萄树的生命周期

葡萄酒的生产过程要经历两个不同的劳作阶段：首先是葡萄树的栽培，然后就是酿酒。

葡萄树一年的成长历程：生长、剪枝、成熟……

冬

休眠：葡萄树正在冬眠。寒冷的天气有利于来年葡萄的收获 [只要树液没冻住就好]。

剪枝：葡萄藤中的汁液不再流出，酒农将对其进行修剪，避免汁液向树杈供给过多的养分而枯竭。想要结出更多美味多汁的葡萄，就要把它们剪得更短。

初春

葡萄树开始"流泪"。这是出现在枝条顶端的流动的树液。

翻土：到了该翻动株间土壤的时候了，这样做的目的是让土壤通风透气，有利于提升土壤的活力和水分的渗透性。一次成功的翻土相当于数场细雨的浸润。

 发芽：葡萄树的芽苞开始膨胀、伸展，长出嫩枝。当心倒春寒，它会在最短的时间内杀死幼芽。

春末夏初

长叶：树叶一片片地出现、伸展、长大。

开花：日照越来越充足，天气逐渐转暖，葡萄树开出了一朵朵小白花，花簇已经显现出葡萄串的形状。

结果：授粉成功的花朵结出一颗颗葡萄粒。据此，酒农可以对今年的收成作出预判。

摘顶：酒农剪掉枝条的顶芽，控制其过度生长，使葡萄树将养分集中在葡萄果实上。

除叶：葡萄种植者将那些遮挡住果实的树叶剪掉。根据产区的不同，应当留下适量的树叶，以便果实能够接受最适宜的日照强度，而不被阳光灼烧。

葡萄树生长过程中可能面临的风险

由于风力不足、强降雨或气温过高等原因，正常的授粉受精过程没有顺利进行，有早期落果的风险：树汁还未流向果实，果实就掉落了。

也有葡萄果实僵化的风险：果实处于停滞生长的状态。

还有被冰雹侵袭的风险。

夏

夏天是葡萄树生长最旺盛的季节，如果一切顺利，葡萄果实会慢慢长大。

绿色收获：在某些葡萄种植区，当葡萄树产量过剩时，就需要将不成熟的葡萄果实剔除掉，以控制产量，促进留存果实的成熟。低产往往是酿造高品质葡萄酒的保障。

成熟变色：在此之前，葡萄是绿色的、不透明的、硬的。在转熟阶段，葡萄的颜色终于开始发生变化：白葡萄品种变成浅黄色，红葡萄品种变成暗红色。

成熟：葡萄成熟的过程一直持续到收获季末。这是一个关键时期，因为它将对葡萄酒的风格起到根本性的作用。葡萄成熟的同时，糖分增加，果酸降低，果皮变薄。如果气象条件不稳定，这将对葡萄酒造成直接的影响。

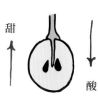

采收：大约在开花后的 100 天，就可以采摘葡萄了！酒农要等待葡萄达到最佳成熟期，才能采摘下完美的葡萄粒，此时的葡萄成熟得恰到好处。

秋

树叶变色并脱落，标志着葡萄树开始进入冬季的休眠期。

品种与酿造——葡萄酒的基因

葡萄树的"造型"

酒农会根据地区、气候和品种来选择最适合葡萄树的修剪方式。不要忘了葡萄属于藤本植物：如果冬季修剪不当，葡萄枝容易疯长，从而对果实造成损害。

葡萄树有不同的整枝方式

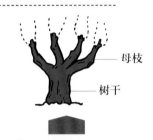

母枝

树干

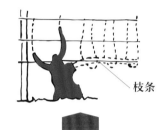

枝条

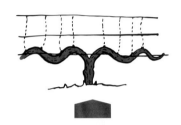

高杯式修剪

这种修剪方式在地中海沿岸地区[法国南部地区、西班牙、葡萄牙、意大利]极为普遍，因为集中于顶部的树叶可以保护葡萄果实不被晒伤。葡萄树的树干很短，这些分枝分出来的母枝，如同每只手上的手指。高杯式修剪不需要任何铁丝的支撑，但它不适合机械化作业。

居由式修剪［单居由式或双居由式］

这种修剪方式十分普遍。勃艮第产区通常采用单居由式修剪，波尔多产区采用双居由式修剪［两边都留出树枝］。居由式修剪非常实用，可以为产量不高的品种带来不错的收成，拖拉机也可以在葡萄园里作业。由于居由式修剪会很快令葡萄树感到体力不支，因此，种植者每年都要选择不同的枝条进行固定。

高登式修剪

高登式修剪适用于强壮的葡萄苗木，禁得起机械化作业［修剪和采摘］的冲击，果串分布稀疏。

年轻植株和老年植株

葡萄植株［或葡萄枝蔓］的生存年限很长，平均年龄高达50年，有些甚至可以达到上百年。树龄越高，产量越少，葡萄酒的品质就越好。因此，葡萄园中的高龄葡萄树往往是酒农的重点保护对象。幼年葡萄树产出的葡萄往往不是酿酒的佳品。10至30岁是葡萄树的青年和壮年时期，结出的果实也是最棒的。过了这个年龄段，葡萄树开始进入老年，它将更多的汁液集中在葡萄浆果中。葡萄树的生命历程和人很相似：要经历青年、壮年、老年。

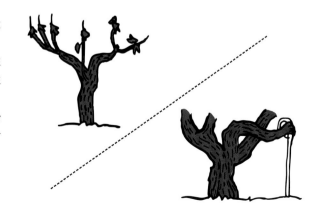

砧木的历史

如今，法国 99.9% 的葡萄树都是通过嫁接生长的。全球几乎所有从事葡萄种植的国家都是这样做。当酒农要栽种新的葡萄树时，就需要购买一个适栽的砧木品种。

若要了解这种葡萄种植术源自何方，这要追溯到 1863 年根瘤蚜的出现。在此之前，欧洲葡萄酒业一直发展得顺风顺水。但突然间，法国加尔地区的葡萄株病倒了。疾病迅速蔓延，法国一大半的葡萄园因此被毁，一场严重的葡萄危机在 20 年之内席卷了整个欧洲大陆。

罪魁祸首是谁？是来自北美的一种破坏性极强的蚜虫。短短几周的时间，根瘤蚜就可以从葡萄树根部侵入，削弱植株的生命力并最终将其彻底打败。

根瘤蚜

经发现，美国的一种土生葡萄株对根瘤蚜具有免疫力，由此产生的葡萄种植技术使现代葡萄种植业发生了巨大变革。这种技术主要是将欧洲葡萄枝嫁接到美国抗蚜品种的树根或者砧木上。这种技术于 1880 年开始普及，经过了半个世纪的时间，一切才恢复正常，欧洲葡萄园终于得以恢复元气。

如今，世界上几乎所有的葡萄树都需要嫁接到砧木上。只有个别例外，比如一些抵抗力极强的地方品种或者生长在含沙性土壤中的葡萄树，因为寄生虫无法在此类土壤中存活。

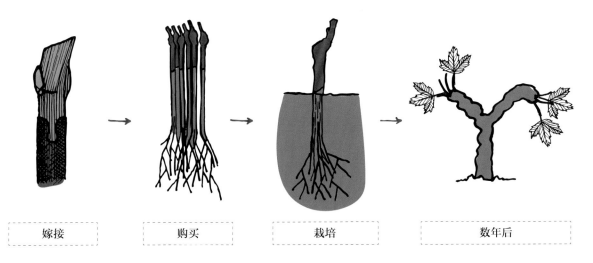

嫁接　　　　　购买　　　　　栽培　　　　　数年后

品种与酿造——葡萄酒的基因

气象与年份

气候和气象是两个完全不同的概念。前者是地理环境的构成要素。例如，法国波尔多葡萄酒是海洋性气候的产物，勃艮第葡萄酒是半大陆性气候的产物……气候条件能够对葡萄种植给予指导性的意见：优选葡萄品种、适宜的修剪方式、采摘日期。而气象是年份的标志，炎热干旱之年和寒冷多雨之年所酿造的葡萄酒特性迥异。气象因素在葡萄收获之前的几周尤为重要。

气象的影响

温暖宜人的天气意味着一个好年份的开始，葡萄粒丰润饱满，糖分和酸度很高，没有流失任何营养，也没有腐烂的情况。

如果气象条件不配合，那么酒农可能就要损失一部分收成了，如：倒春寒、腐烂［炎热时期的大雨所致］、晒伤、冰雹等。已经采摘下来的葡萄也会带有种种不幸遭遇的深刻烙印。

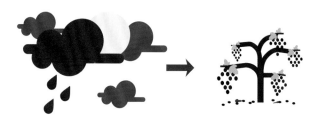

2003 年，法国的酷暑天气助长了坏年份的嚣张气焰，那一年生产的葡萄酒口感酸涩，酒精度高，葡萄果实也被太阳过度灼烧。

相反，多雨的年份则会使葡萄的水分过多，葡萄酒显得更加寡淡、单薄。

年份的作用

根据气象条件的不同，同一年份酿造的葡萄酒可能在这一个产区表现出众，而在另一产区表现平平。不管怎样，好年份还是存在的，比如法国的 1989 年、2005 年、2009 年、2010 年。为了更好地了解年份对葡萄酒产生的影响，最好进行一次历时性的品酒：按照年份的先后品尝同一款葡萄酒。一般按照从新酒到老酒的顺序。你会发现，除了衰老之外，产自不同年份的葡萄酒会呈现出不同的特性。

特殊情况：非年份香槟和克雷芒

你注意到大部分香槟的酒标上没有"生产日期"了吗？非年份香槟是由当年收获的葡萄与其他陈年葡萄酒混酿而成的，当然，陈年葡萄酒的选择要根据其特点而定。这样做的目的是可以在不同的年份生产出品质一致的起泡酒。而年份香槟可以体现出某个特殊的好年份。

老酒　　　　　　　　　　　　　　当年采收的
　　　　　　　　　　　　　　　　葡萄酿的酒

气候变暖的影响

观察表明，近 30 年来，葡萄的成熟期发生了微妙的变化：成熟期提前了，甚至在历史悠久的葡萄种植区也出现了葡萄早熟的现象。结果导致葡萄越来越甜，葡萄酒的酒精度数也越来越高。这样也使得英国葡萄酒的生产进入发展期。照这样的速度发展下去，50 年后，葡萄酒产区地图会变成什么样呢？

品种与酿造——葡萄酒的基因

葡萄树的管理

在一整年的时间里，酒农都要保护葡萄树免受害虫以及霜霉病、腐烂病等病菌的侵袭，还要对土地进行施肥。

治理

酒农拥有治理葡萄树的所有杀菌剂和肥料等，可分为化学治理和非化学治理，其中有化学肥料或天然肥料、农药、杀虫剂、波尔多液〔硫酸铜和熟石灰的混合物〕、硫、粪肥……酒农会根据农业类型来选择这些，农业类型包括：集约型、理性型、生态型、生物动力型。

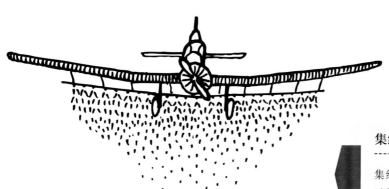

集约农业

集约农业正在慢慢淘汰。因为化学品的过量使用会使土地枯竭，而且会给耕作者和消费者带来健康隐患。

理性农业

理性农业目前处于主导地位：它允许使用化学品，但要控制在少量的范围之内。与其预防治理，种植者不如等到危害初露端倪的时候，再使用指定的防治农作物病虫害的产品进行治理。

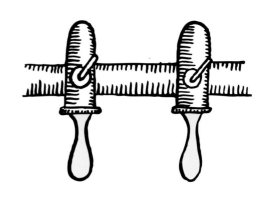

生态农业

与其谈有机葡萄酒，不如多想想孕育它的生态农业。因为所谓的"生态"是在葡萄园里完成的。

葡萄种植

为了获得欧洲生态农业的"AB"标签，葡萄种植者不可以使用化学肥料、灭草剂、农药、杀虫剂等，取而代之的是天然肥料，如厩肥。

霜霉病是指葡萄树在多雨闷热的天气下长出的真菌，为了防治这种疾病，种植者往往会喷洒波尔多液。个别情况下，他们也可以在葡萄园里喷洒硫黄，但要远远低于传统农业的用量。此外，生态农业禁止机械采摘。

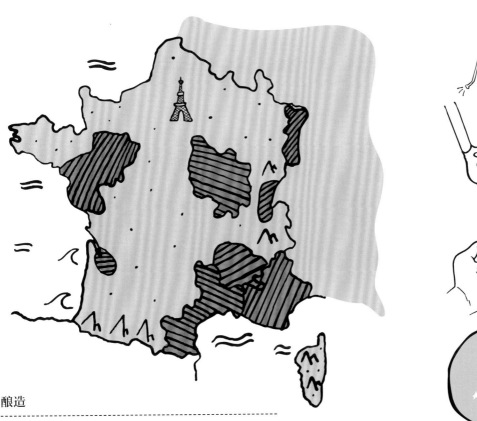

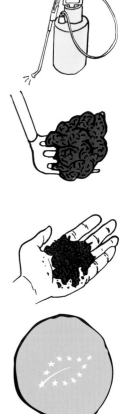

酿造

有机葡萄酒的酿造和其他葡萄酒并无太大差异。因此，并不是带有"AB"标签的葡萄酒就是最好。不过其种植土壤会优于其他农业类型，对身体有益。

有机葡萄酒的生产需要投入更多的精力、工作量、劳动力和金钱，而且在条件不好的地区难以实施。但生态农业保障了土地活力，使土壤拥有丰富的营养物和微生物，也是可持续发展的途径。

施行地区

在法国葡萄种植业中生态农业呈现出蓬勃发展之势。普罗旺斯、勃艮第、阿尔萨斯是它的积极响应者，朗格多克、卢瓦尔河谷、罗讷河谷、汝拉也紧随其后。波尔多也开始着手实施了。

品种与酿造——葡萄酒的基因

生物动力农业

生物动力是一种比生态农业更先进的栽培方法。它致力于运用土地和自然元素的能量，来帮助葡萄树苗壮成长。目前，生物动力法仍未普及，但却受到越来越多的消费者的拥护。

生物动力法的起源

生物动力农业，通常叫作生物动力，源于奥地利哲学家鲁道夫·斯坦纳［Rudolph Steiner］于 1924 年在一系列农业峰会上提出的理论［有争议］。生物动力理论将整个庄园或农场视为一个生命体，强调生物的多样性和独立性，人类要了解并尊重它的运行机制。按照此理论，酒农们与其努力治疗葡萄树的疾病，不如致力于改善引发疾病的失衡生态。

方法

这种生产类型以生态农业的原则为依托，有着深奥难懂的配方，并配合月亮和星象的运行，调制出各种制剂。种植者以极小的用量将这些天然配制剂喷洒在葡萄园中，目的是使葡萄树长得更强壮，并能改善土壤，遏制寄生虫的生长。像传统的生态农业一样，波尔多液可以用来治理霜霉病。

Demeter 标签

Demeter 是生物动力农业的一个国际性标志。它拥有一套非常严格的规范细则，在对生态农业酿酒的规则进行补充的同时，根据月亮、太阳、行星的运行周期所带来的影响，制订一套特殊的有关葡萄园治理和维护的生物动力学日历。

Biodyvin 标签

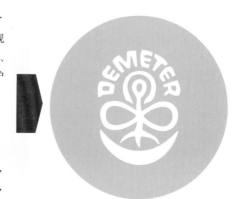

Biodyvin 是由"国际葡萄生物动力栽培法协会"创立的，自 1996 年起，该标志也适用于通过"欧盟有机认证"的生物动力有机葡萄酒。特别是，这种标签几乎成为法国一些久负盛名的葡萄栽培专家的"专利"。

生物动力法治理实例

牛角粪

这种制剂尽管听上去很离谱，它却是生物动力法的一种最常用、最出名的配制剂。它的目的在于提高土壤活力，促进植株根部生长。为了调配这种制剂，要将牛粪装入牛角中，再埋到土里过冬，这样可以让牛粪更好地发酵。第二年春，将挖出的牛角粪用水稀释，用力搅拌，之后便可以喷洒在葡萄园里了。

上升期和下降期的月亮

在运用生物动力法种植葡萄的过程中，月亮对水和植物产生的影响是极其重要的因素。人们认为，葡萄树的根部、树叶、花朵、果实的生长都有其各自的最佳时期。例如，一般建议，在月亮的下降期进行耕地、施肥，在月亮的上升期收获葡萄。不要把上升期、下降期与上弦月、下弦月相混淆，后者遵循的是另一个运动周期。

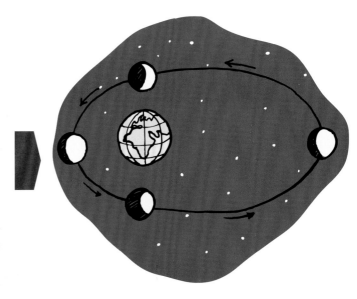

阴历

生物动力法的种植者通常依照阴历安排农事，因为阴历可以详细地告诉人们月相的变化和植物的生命迹象：生根、长叶、开花、结果。人们有时也依照阴历来选择品酒的良辰吉日。

98%

2%

生物动力法　　　　其他

效用

各界对生物动力法给葡萄种植带来的实际效果产生了诸多疑问，很多人对此持怀疑态度。但少数国际知名葡萄栽培专家依然将生物动力法成功应用于葡萄种植，生产出高品质的葡萄酒，例如：生物动力法的领军人物之一，来自卢瓦尔赛兰小道酒庄［Coulée de Serrant］的尼古拉·若利［Nicolas Joly］，还有勃艮第最著名的罗曼尼·康帝酒庄［Domaine de la Romanée Conti］，都是生物动力法的成功实践者。

接受度

即使生物动力法受到越来越多拒绝农药的消费者们的青睐，但它依然在农业中处于边缘地位，仅有 2% 的法国酒农采用这种方法种植葡萄。

采收葡萄的时机

什么时候采收葡萄？

收获日期的选择很关键

如果采摘过早，葡萄则糖分不足，酸度过高，酿造出的葡萄酒亦是如此。如果采摘过晚，葡萄则过于成熟，糖分过多，缺乏酸度，酿造出的葡萄酒口感厚重、黏腻。反复无常的天气使这项任务变得更加复杂：强降雨会导致葡萄腐烂，酷暑天气则使葡萄干瘪。

葡萄的成熟期有先有后

当然，这取决于葡萄的品种，也取决于土地情况：土壤类型、海拔高度及地理朝向，这些都是加速或减缓葡萄成熟的因素。为了在最佳时期收获葡萄，酒农要考虑到各种因素。比如，朗格多克地区种植的歌海娜、西拉、佳丽酿、慕合怀特、神索［Cinsault］等，这些葡萄的收获期从15天到3周不等。种植者要按照成熟度，先采摘最早熟的品种，再采摘略微晚熟的品种。

采收期间，一切都有可能发生

一场暴雨会给收获在即的葡萄粒灌满水分，使其受到严重破坏。因此，在葡萄收获前的几天时间里，酒农要对天气情况和葡萄状况保持高度警惕。

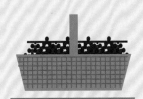

产量

根据种植者对葡萄园的治理方式、土壤条件、年份和葡萄品种这些因素的了解和掌控，酒农基本上能够在既定面积内获得满意的葡萄产量。葡萄园的产量通常用 hL/ha [百升/公顷] 来表示。了解某一产区的葡萄产量是很有必要的，因为它体现了种植者的目标：量产，还是浓缩的精华。一般来说，由于种种原因，日常餐酒和起泡酒的产量能普遍到达 80—90 hL/ha。传统的法定产区葡萄酒 [AOC] 的平均产量约为 45 hL/ha，顶级的产量则很少超过 35 hL/ha。

迟收葡萄

复杂程度极高的迟收葡萄是酿造甜葡萄酒的专属。上好的甜葡萄酒就是用被贵腐菌侵染的葡萄酿制而成的。它以奇妙的方式与葡萄浆果结合，使其干缩，从而聚集糖分和香气。由于这种霉菌侵染每粒葡萄的方式各不相同，因此，贵腐葡萄的收获需要持续数月的时间 [在欧洲，从 9 月到 11 月末]，酒农还要确保每次采摘下的葡萄都达到最完美的成熟度。

采收冰冻葡萄

为了酿造冰酒，种植者必须要等待严寒的到来才能够采收：当气温低于 -7℃，且葡萄粒的表面刚好结成一层冰霜。冰葡萄比迟收葡萄凝聚了更多的糖分，而且几乎不含任何水分。繁重的劳作，巨大的损失，异常低下的产量 [10hL/ha]，这一切向我们解释了冰酒价格偏高的原因。冰葡萄只能在德国、加拿大等一些具备自然条件的国家生产，但现在也面临气候变暖的威胁。

手工采收

如何操作

种植者根据其经营规模,请自己的家人、朋友或者雇用季节工[像埃克托尔一样]来采收葡萄。采收工将一串串葡萄剪下,小心翼翼地把它们放到筐里。与采收工通力合作的是搬运工,负责及时地把装满葡萄的筐倒到一个箱子里,以免果实被压烂。

优点

采收工负责挑选葡萄和剪葡萄,他们必须非常小心,以免损伤葡萄树。采收工可以在各种类型的土地上进行采收,但只能采摘完全成熟的葡萄串。如果有些品种需要分批次采收,间隔期为数周,采收工的工作便是必不可少的了。分批采收是高品质葡萄酒享有的特权。

缺点

葡萄采摘需要大量的人手,否则葡萄会因长时间曝晒而受损。采摘过程中要杜绝葡萄浆果在压榨前就爆裂的情况。否则,葡萄汁有可能氧化受损。当然,雇用劳动力对于种植者来说也是一笔不小的开支。

机器采收

如何操作

采摘机在葡萄树列之间行进，晃动葡萄树的根部，成熟的葡萄随之掉落在传送带上并传送至盛放筐中。如果操作正确，控制得当，从果柄上脱落的果实则状态良好。相反，如果力量过猛，则会使葡萄受损。因此，这种采摘方法要求有一台制造精密的机器和准确的调节力。

优点

这是个经济快捷的采摘方法。它可以节省更多的劳动力，可以在理想的时机进行采收，无论是白天还是夜晚。

缺点

被过度摇晃的葡萄树会提前死亡。如果葡萄的成熟时间不一致，就要在采摘前或者采摘后进行分拣，目的是只将最好的葡萄串保留下来。此外，在有坡度或者车辆难以通行的葡萄园里，机器采摘就变得十分困难了，甚至无法实施。在某些产区，如香槟区或博若莱，机器采摘是被禁止的。

品种与酿造——葡萄酒的基因

如何酿造红葡萄酒？

采摘下来的葡萄会以最快的速度被运往酒库,用于酿造葡萄酒。不好的果实在采摘或分拣过程中就被去除了。

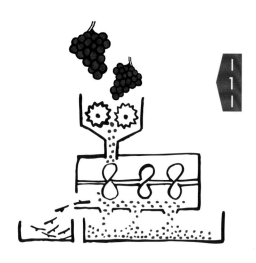

去梗和破皮

先去梗,因为它含有不让人喜欢的草本味［勃艮第除外,勃艮第葡萄只需部分去梗,这样可以保留单宁的结构］,再挤压葡萄,使其流出葡萄汁。

浸泡

要将果肉和果汁在同一酒罐里浸泡 2 至 3 周的时间,以便葡萄汁从果皮里萃取到需要的颜色。

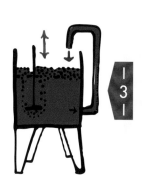

踩皮或淋皮

在浸泡过程中,果皮、果肉、果核上浮到葡萄汁表面,形成一顶坚固的"酒帽":葡萄渣。为了使葡萄汁能够充分地萃取"酒帽"的香气、颜色和单宁,就需要打破"酒帽",让它沉入酒液中［踩皮］,或者用泵将酒罐底部的葡萄汁抽上去,淋洒在"酒帽"上面［淋皮］。

酒渣的分离和压榨

浸泡结束后,要将酒液和皮渣分离,这样得到的酒叫作"自流酒"。

剩余的皮渣经过再次压榨得出的一部分酒液:叫作"压榨酒"。与自流酒相比,压榨酒含有更多的单宁和更深的色泽。

酒精发酵

在浸泡过程中,添加酵母［天然的或加工的］把葡萄里的糖分转化为酒精。葡萄酒就要诞生了!发酵大约持续 10 天。

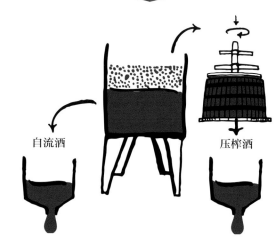

自流酒　　压榨酒

混合

需要将自流酒和压榨
酒调配起来。

陈酿和苹果酸-乳酸发酵

葡萄酒将在酒罐或大木桶里储
存数周到 3 年的时间［陈酿葡
萄酒］。在这段休眠期，葡萄
酒的香气和结构会发生变化，
产生铜绿。

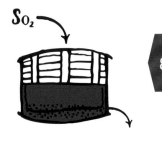

调配［如果需要的话］

根据产区的需求，可以将不同
品种或不同地块酿制的原酒进
行调配。

澄清和二氧化硫处理
［如果需要的话］

将落入桶底的酵母和其他沉淀物
清除，可以加入少许硫，因为硫
化物对葡萄酒具有保护功能。

下胶与过滤［如果需要的话］

为了聚集和清除悬浮颗粒物，可以使用一
种蛋白质胶［如蛋清］。为了让酒体更加
清透，也可以进行过滤。但这些都不是必
要步骤，因为下胶与过滤会影响葡萄酒的
香气和结构。

装瓶

将葡萄酒装入酒瓶中，用木塞
或螺旋瓶盖进行密封。然后，
可以将它投放市场，也可以
将葡萄酒在瓶中进行陈放。

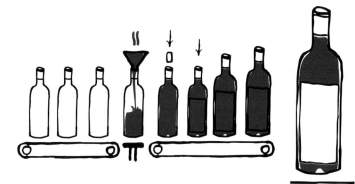

品种与酿造——葡萄酒的基因

如何酿造白葡萄酒？

与红葡萄酒不同，酿造白葡萄酒的葡萄无需浸泡，而是直接放到酒罐里压榨。根据所需的白葡萄酒类型，选择在酒罐里［针对口感活跃的干白葡萄酒］或橡木桶里［针对口感强劲、陈年潜力大的白葡萄酒］进行发酵。

 压榨
去梗后便直接将葡萄进行压榨，使皮汁分离，只保留果汁即可。

澄清
将葡萄汁倒入酒罐里。压榨产生的颗粒物会沉在桶底，再将酒渣清除。这个步骤可以使白葡萄酒更加细腻。

酒精发酵
酵母［天然的或加工的］把葡萄里的糖分转化为酒精。葡萄酒就要诞生了！发酵大约持续 10 天。

 第一种技术

酿造活泼年轻的白葡萄酒

—4—

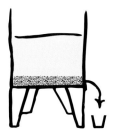

熟成
将葡萄酒转移到另一个酒罐里，让它在里面休眠几周，使酒体稳定下来。酿造过程是在酵母残渣的陪伴下完成，我们称之为"酒泥陈酿"，在装瓶前去除沉淀物。

酿造强劲的陈年白葡萄酒

A

B

大木桶熟成和苹果酸-乳酸发酵

将葡萄酒放入橡木桶里，进行二次发酵，苹果酸-乳酸开始发挥作用，二次发酵能够使葡萄酒更加滑腻圆润。

搅桶

酿造过程可能会持续数月时间，在此期间，用木棒搅动，使沉淀物与酒液有更多的互动，从而赋予酒体更加坚实丰腴的质地。

以上两种白葡萄酒均需以下步骤

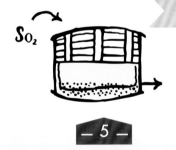

SO₂

—5—

二氧化硫处理、调配、下胶、过滤
[如果需要的话]

硫化物对葡萄酒具有保护功能，因此可以加入少许硫。根据产区的需求，可以将不同品种或不同地块酿制的原酒进行调配。为了聚集和清除悬浮颗粒物，可以使用一种蛋白质胶[如蛋清]。为了让酒体更加清透，也可以进行过滤。但这些都不是必要步骤，因为下胶与过滤会影响葡萄酒的香气和结构。

—6—

装瓶

将葡萄酒装入酒瓶中，用木塞或螺旋瓶盖进行密封。然后，可以将葡萄酒在瓶中进行陈放，也可以上市销售。

如何酿造桃红葡萄酒？

桃红葡萄酒是由红皮葡萄酿造而成的。它的酿造有两种方式：一种类似于红葡萄酒的酿造方式，另一种类似于白葡萄酒的酿造方式。

放血法

这是最常见的方法。和红葡萄酒的酿造方法很相似，将果皮和果汁一起浸泡，但浸泡时间相当短暂。这样，桃红葡萄酒的颜色和酒体便形成了。

直接压榨法

这种方法是时尚的桃红葡萄酒和灰葡萄酒［vin gris］的酿造方式，和白葡萄酒的酿造方法相似，将葡萄直接进行压榨，但压榨过程更加缓慢。如此酿造的桃红葡萄酒色泽清澈，酒体轻盈。

去梗和破皮

酿酒师将果肉与果汁分离并去除果柄。在预压时，碎裂的果肉释放出果汁。但去梗和预压并不是直接压榨法的必要步骤。

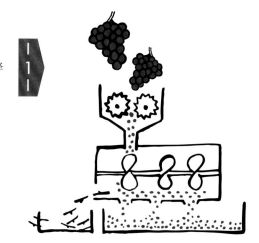

两种技术

直接压榨法

压榨

根据颜色需要，在压榨机的作用下，葡萄酒被反复压榨，且压榨力度越来越强，然后收集流出的果汁。

－A－

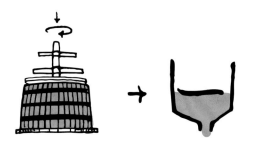

放血法

－2－

浸泡

将果肉和果汁在同一酒槽里浸泡，使葡萄汁从果皮里萃取到需要的颜色。根据颜色需要，浸泡时间持续 8 至 48 小时不等。然后将果汁与果皮分离。

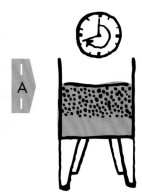

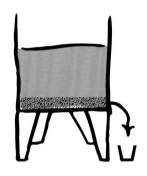

澄清

将葡萄汁倒入酒罐，压榨产生的悬浮颗粒物会沉在桶底，再将酒渣清除。这个步骤可以使桃红葡萄酒的香气更加纯粹。

酒精发酵

酵母［天然的或加工的］把葡萄里的糖分转化为酒精。葡萄酒就要诞生了！发酵大约持续10天。

熟成

将得到的葡萄酒转移到另一个酒槽里，让它在里面休眠几周，使酒体稳定下来。大部分桃红葡萄酒无需在大木桶里陈酿或经过苹果酸–乳酸发酵。如果需要的话，可以进行二氧化硫处理、调配、下胶及过滤。

装瓶

将葡萄酒装入酒瓶中，用木塞或瓶盖进行密封。桃红葡萄酒通常在春季上市销售。

如何酿造香槟?

香槟是由白葡萄［霞多丽］和红葡萄［黑皮诺和莫尼耶皮诺（Pinot Meunier）］酿造而成的。传统香槟通常是由这3个葡萄品种混酿而成。但无论怎样搭配，酿出的葡萄酒一定是白色的。香槟的酿造工艺与白葡萄酒的酿造工艺大体相同，只是多了一个附加步骤：气泡的生成，也就是香槟中气泡的来源。此种香槟酿酒法，也被称为传统方法，也适用于克雷芒的酿造。

压榨

去梗［如果需要的话］，将红葡萄和白葡萄直接压榨，皮肉分离后，只保留无色的果汁即可。与非起泡酒相比，用于酿造起泡酒的葡萄汁一般酸度更高，甜味更淡。

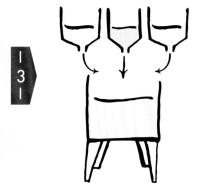

酒精发酵

将葡萄汁放在酒槽或橡木桶里，去除酒泥。酵母把葡萄里的糖分转化为酒精，葡萄酒就要诞生了！在酒槽里发酵的葡萄酒更干涩，在橡木桶里发酵的葡萄酒更滑腻。

调配

将得到的葡萄酒在酒槽或木桶里熟成，进行苹果酸-乳酸发酵。然后，将3个葡萄品种调配起来，用于酿造大部分香槟酒［非年份酒］和古老的年份酒。将新酒与老酒按适当的比例进行调配，目的是使香槟在每一年都保持相同的风格品质。

 玫瑰香槟的酿造

部分红葡萄被酿造成红葡萄酒。在调配时，加入这种红葡萄酒［比例约为10%］，这样可以将白葡萄酒染成玫瑰红色。将红葡萄酒和白葡萄酒混合来酿造粉红葡萄酒，只在香槟区是被允许的。

装瓶

将酿造好的葡萄酒装入酒瓶中，加入发酵液，它是一种酵母和糖的混合剂，然后用临时瓶盖盖住酒瓶。

气泡的生成

新酵母将酒液里的糖分吞噬掉，开始二次发酵，由此产生的二氧化碳被封闭在酒瓶内，气泡就要生成了！

除渣

瓶颈处结冰后打开瓶口，瓶中的气压会迫使冰冻的沉淀物冲出瓶外。

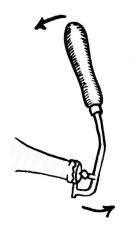

熟成和转瓶

根据香槟的不同风格，酒瓶要在酒窖里存放 2 至 5 年，特藏葡萄酒有时需要储存更长的时间。酒瓶起初是平放的，酿酒师要定期摇晃酒瓶，并一点点改变酒瓶的角度，直至酒瓶垂直倒立［如今，机械操作越来越多地取代了人工转瓶］。经过转瓶，酵母沉淀物便会堆积在瓶颈处。

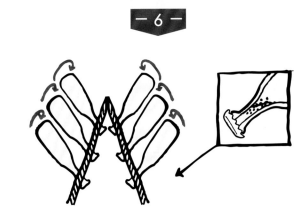

补液加糖

在最后封口之前，酿酒师可以向酒中加入"最终调味液"，它是一种由酒和糖组成的混合物。"调味液"可以或多或少地增加香槟的甜度［叫作"加糖"］。

> **Ⓥ 词汇扩展**
>
> 根据加糖量的不同，香槟酒可以被分为：绝干［non dosé］、超干［extra-brut］、干［brut］、微甜［sec］、半甜［demi-sec］、甜［doux］。

品种与酿造——葡萄酒的基因

熟 成

在酒精发酵和装瓶之间，还有关键的一步：在酒罐或橡木桶里熟成。

熟成的目的

让酒香继续发展　　让葡萄酒陈年　　使颜色更稳定　　使单宁更柔和　　让悬浮的杂质沉淀
　　　　　　　　　　　　　　　　　　　　　　　　[针对红葡萄酒而言]　　[如酒渣和酵母]

酒罐熟成

无论是不锈钢酒罐、混凝土酒罐，还是树脂酒罐，它们都属于中性材质，不会削弱或增加葡萄酒的香气。此类熟成适用于那些果香持久、活跃清雅的白葡萄酒，桃红葡萄酒或红葡萄酒。在酒罐里熟成的时间一般相当短暂，清雅的葡萄酒需要熟成 1 至 2 个月，偏醇厚的葡萄酒，通常是红葡萄酒，则需要在上市前熟成 1 年。

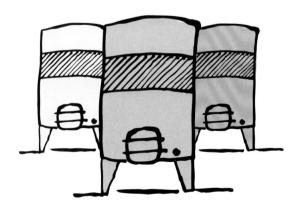

橡木桶熟成

葡萄酒能够与橡木进行充分的"交流"，特别是与新橡木桶。根据木质及其加热强度的不同，橡木桶可以传递给葡萄酒各种香气 [熏烤香、香草香、奶油面包香等]。少量空气会通过橡木和桶塞慢慢渗透到桶内。这样，一部分葡萄酒会蒸发出来：这一过程被称为"天使之享"。这一气体交换的过程使酒体发生变化，使单宁更加柔和，也开启了葡萄酒的熟成过程。葡萄酒会在装瓶后继续陈放，但这种方式仅适合口感强劲的葡萄酒。为了准确地控制橡木对酒质的影响，酿酒师一般会选用不同年龄的橡木桶进行熟成 [从新橡木桶到使用 4 次以上的旧橡木桶不等]。熟成时间要持续 12 至 36 个月。

苹果酸-乳酸发酵

在熟成过程中，红葡萄酒和一些强劲的桃红葡萄酒或白葡萄酒要经历苹果酸-乳酸发酵。苹果酸［类似于青苹果的果酸］转化为乳酸［牛奶中的酸］，乳酸比较温和、丝滑、刺激性低。此类发酵需要在一定温度下才能开启［约17℃］，如果温度过低，则无法实现。需要保持酒体清雅的白葡萄酒和桃红葡萄酒则不会进行苹果酸-乳酸发酵。

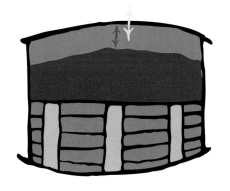

氧化熟成

一般情况下，酿酒师要将酒液注满整个橡木桶。为避免酒液挥发，还要定期向桶中加入葡萄酒［这一过程叫"添桶"］，确保葡萄酒不会过度氧化。

然而，有些葡萄酒却需要在留有空气的橡木桶里陈酿。由于与氧气接触的缘故，这样的葡萄酒能够产生出核桃、咖喱、果干、苦橙等的独特香气。

有时，酵母会在酒液表面形成一层保护膜，我们将这样的葡萄酒称为 Vinde Voile［尤其是汝拉的葡萄酒］。经氧化熟成的葡萄酒主要有：汝拉黄酒、西班牙雪利酒、葡萄牙波特酒，以及班努斯和马德拉。

 微氧化［或微气泡］

这是指在酿造阶段，人为地向葡萄酒内注入微量氧气［该技术主要针对酒槽熟成的葡萄酒，而很少用于橡木桶熟成的葡萄酒］。微氧化技术可以代替橡木桶熟成，即促进单宁聚合，加速葡萄酒熟化。但这项技术至今争议不断，因为它会抹杀葡萄酒的个性。

甜型和超甜型葡萄酒

我们要将甜型葡萄酒和超甜型葡萄酒区分开。甜型是指酒精发酵后含糖量在 20—45g/L 的葡萄酒，而超甜型是指含糖量在 45—200g/L 的葡萄酒。

甜葡萄酒的制作方法比较简单，它是加糖后的产物，即酿酒时加入一些糖分。然后，当发酵产生的酒精度达到约 12.5% 的时候，添加一些硫化物来停止发酵。

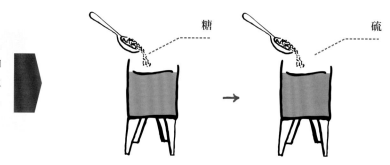

糖

硫

酒罐熟成

对于上等的甜型或超甜型葡萄酒而言，决定酒的品质的还是葡萄本身。酒农要等到葡萄最甜的时候再进行采收。获得甜葡萄的方式有很多种：

迟收酒 [Vendange Tardive]：与干型葡萄酒相比，酿造甜酒的葡萄会采收得更晚，若能受到葡萄孢菌霉的侵染则是再好不过的了。因为这种霉可以凝聚糖分，赋予葡萄酒烤水果的香气 [我们称之为贵腐葡萄]。

稻草酒 [Vin de Paille]：把早早采收的葡萄放在稻草或草席上晾晒数月，再用来酿酒。出产这种稻草酒的国家有意大利、希腊、西班牙，还有法国汝拉地区。

自然干缩 [Passerillage]：在阳光和秋风的作用下，让葡萄粒在葡萄树下晒干。这种方法需要一个干燥、多风、温暖的气候，如法国西南地区或瑞士瓦莱州。

精选或逐粒精选的贵腐葡萄：贵腐葡萄比迟收葡萄甜度更高，采摘更晚，而且受到了葡萄孢菌霉的侵染。

冰酒：在气候寒冷的葡萄种植区，种植者要等待冬天的到来收获结冰的葡萄，像德国、奥地利，尤其是加拿大，是主要的冰酒生产国。

在酿酒过程中，葡萄被缓慢压榨，这是为了最大限度地萃取出葡萄里的果汁，发酵过程更加缓慢。经过添加硫和冷却之后，发酵停止。与此同时，酿酒师要进行过滤，以便把酵母从酒液中分离出来。

用中途抑制发酵法酿造天然甜酒

"天然甜酒"、"中途停止发酵的葡萄酒"或"加强型甜酒"[此叫法来自英语]是指所有添加酒精的红葡萄酒或白葡萄酒。这样的红葡萄酒或白葡萄酒普遍发甜[有时呈干型]，装瓶后，酒精度通常超过 15%。

酒精

酿造过程

在发酵初期，酿酒师加入酒精[纯度达 96%]终止酵母的发酵。这种中性酒精没有任何味道和香气，可以杀死酵母。这样，便保留了葡萄的糖分。

在法国，这个方法主要用于酿造白葡萄酒，如博姆-德沃尼斯麝香葡萄酒[Muscat-de-Beaumes-de-Venise]、里韦萨特麝香葡萄酒[Muscat-de-Rivesaltes]、芳蒂娜麝香葡萄酒[Muscat-de-Frontignan]、科西嘉角麝香葡萄酒[Muscat-du-cap-corse]。

全球最知名的加强型葡萄酒无疑是波特酒，产自葡萄牙。

用此方法酿造的甜红酒主要有拉斯多甜酒[Rasteau]、班努斯和莫里，它们都是用歌海娜葡萄酿造的。

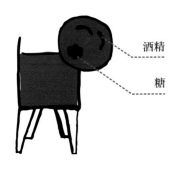

酒精

糖

雪利酒[Xérés]

这种葡萄酒产于西班牙赫雷斯[Jerez]地区，其酒精强化处理是在发酵和熟成之后，即将装瓶之前进行的。在发酵过程中，葡萄中的所有糖分都转化为酒精，这就是酿造出的葡萄酒呈干型的原因。而某些类型的雪利酒可以在装瓶之前再加入一些糖分。此外，雪利酒有时需要进行氧化熟成。

马德拉

马德拉在发酵时被抑制，然后放入大酒罐中加热数月，温度要达到 45℃左右。最优质的马德拉在存有热量的橡木桶中陈酿时依然在被加热，这被叫作"马德拉式氧化"。

  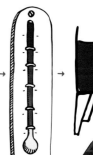 

生命之水[蒸馏葡萄酒]

利口酒

利口酒的酿造方法与天然甜酒基本相同，只是中途抑制发酵时使用的是蒸馏葡萄酒[被称为"生命之水"]，而不是中性酒精。例如，Pineau-des-Charentes 用干邑白兰地来抑制发酵，用雅文邑白兰地来抑制发酵的有 Floc-de-Gascogne、Macvin du Jura、Marc de Franche-Comté 等，这些都是最知名的利口酒。

品种与酿造——葡萄酒的基因

各式各样的酒瓶

1/4 瓶
[quart]
18.75 或 20 CL

半瓶
[demie]
37.5CL

克拉夫兰瓶
[clavelin]
62CL

标准瓶
[bouteille]
75CL

双瓶
[magnum]
2 标准瓶 =1.5L

8 瓶
[mathusalem]
8 标准瓶 =6L

6 瓶
[réhoboam]
6 标准瓶 =4.5L

4 瓶
[jéroboam]
4 标准瓶 =3L

16 瓶
[balthazar]
16 标准瓶 =12L

20 瓶
[nabuchodonosor]
20 标准瓶 =15L

12 瓶
[salmanazar]:
12 标准瓶 =9L

波尔多瓶

芳蒂娜麝香瓶

香槟瓶［2 标准瓶］

雪利瓶

茶色波特瓶

香槟瓶

姆-德沃尼斯麝香瓶

马德拉瓶

勃艮第瓶

克拉夫兰瓶［汝拉］

阿尔萨斯瓶

罗讷河谷瓶

汝拉黄酒瓶

班努斯瓶

普罗旺斯白葡萄酒瓶

里韦萨特麝香瓶

普罗旺斯桃红葡萄酒瓶

品种与酿造——葡萄酒的基因

软木塞的奥秘

软木塞的第一次使用可以追溯到远古时代，从很早时候起，它就已经用于封闭盛装葡萄酒的双耳尖底瓮了。可是后来，软木塞便不见了踪迹。直到 17 世纪，随着玻璃酒瓶的使用，软木塞才逐渐重新回到了人们的视线。

生产

用来制作木塞的橡树主要分布在葡萄牙、西班牙、摩洛哥、阿尔及利亚等国。橡树的树龄需要达到 25 年以上，它的树皮才可以用来制作木塞。以后每 9 年采剥一次，一棵橡树的寿命大约为 125 年。

▶ 最好的软木塞是由整块的橡树树皮切出来的。这些树皮需要晾干、清洗、切割。一般的软木塞是由软木细粒和胶黏剂压制而成的，它们往往用于那些需要快速喝掉的葡萄酒酒瓶的密封。

空气

▶ 软木塞的质量根据橡树品质的不同而有所差异：木塞的周身孔隙［称为皮孔］越少，其密封性就越好。如果木塞的一个顶端没有任何痕迹，我们称之为"镜子"。两端都有"镜子"的木塞相当罕见，它的价格可以攀升至每个 3 欧元。这样的木塞用来封闭那些可以陈放半个世纪以上的非同寻常的葡萄酒。

或

优点

▶ 开启葡萄酒时，我们可以听到美妙而独特的声音。

▶ **软木塞的首要品质：**
具有密封性，阻止氧气进入酒瓶。

▶ **消费者对其普遍认可：**
消费者看重的是软木塞的天然来源和悠久历史，由此及彼，他们普遍认为［尽管有时并不准确］，天然软木塞是优质葡萄酒的象征。

5 年　15 年　30 年

▶ 软木塞的弹性可以让它与瓶颈亲密接触，适应温度的轻微变化，这样，它可以在数十年的时间里保护葡萄酒历经四季的流转。

缺点

▶ 软木塞最大的缺点就是可能会污染酒液：给葡萄酒染上"臭名昭著的"木塞味。它来源于一种化学物质［TCA］，这种物质只要极少的量就可以彻底毁掉一整瓶葡萄酒。严格的卫生条件、细心的制作流程可以帮助软木塞大大减少 TCA 的问题：仅有 3%—4% 的葡萄酒会受到软木塞的污染。但在购买时也要考虑到这个风险。

3%—4% 的葡萄酒会被污染

 倒放酒瓶

注意，软木塞会因为缺乏湿气而变干。所以务必要将酒瓶倒放，使酒液一直与木塞保持接触。否则，木塞就会失去弹性，不再过滤氧气了。

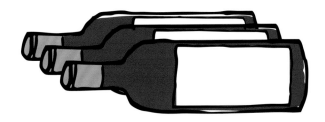

品种与酿造——葡萄酒的基因

其他种类的瓶塞

合成塞

合成塞［一般为硅胶质地］比天然软木塞生产成本低，但特性相同，至少在短期内是这样。

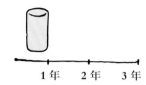

实际上，时间会影响合成塞的弹性。两三年过后，它就变得僵硬无比，失去了密封性。但是，对于大部分装瓶后就被尽快饮用的葡萄酒而言，合成塞还是可以很好地完成密封任务的。

螺旋塞

尽管得不到大众的宠爱［传统观念认为：金属瓶盖不是纯天然产品；开瓶时听不到声响，使开瓶器无处可用］，螺旋塞却能让我们快速、轻松地开启葡萄酒，非常适合户外野餐等场合。1970 年代，瑞士和新西兰就成功地将螺旋塞应用于葡萄酒的封瓶。

优点：

▸ 具有极强的密封性；

▸ 即使温度骤变也丝毫不受影响；

▸ 不会造成木塞污染。

然而，也正是由于它的密封性太强了，以至于有些品酒者认为，与软木塞相比，螺旋塞在一定程度上遏止了葡萄酒的演进与成长。通过对比品鉴表明，陈放 10 年以上的葡萄酒，其香气会因软木塞和螺旋塞不同的封瓶方式而有所差异。

由此，生产者提议将多孔密封垫与螺旋塞搭配使用，以便更接近天然软木塞的密封效果。

螺旋塞的发展：全球销售的 170 亿瓶葡萄酒中，有 40 亿瓶使用的是螺旋塞密封。随着时间的推移，这一数字还将继续增长。

硫在葡萄酒中的作用

优点

▸ 抗氧化性：保护发酵时的葡萄汁免受氧气的侵袭，避免酒液因氧化而遭到破坏；

▸ 可以终止发酵，保留剩余糖分，从而生产甜酒；

▸ 能使酒液在装瓶后更加稳定，避免氧化，因为氧化将使葡萄酒提前老化。

缺点

▸ 气味很难闻［类似臭鸡蛋的味道］；

▸ 抗氧化性：促进葡萄酒的还原，导致开瓶时发出难闻的气味［卷心菜味］；

▸ 会使人感到头痛［硫捕获氧气］；

▸ 使葡萄酒僵化，削弱了葡萄酒的个性。

因此，大部分酿酒师开始慢慢减少硫的使用量。这是可行的，但前提是：要将收获后的葡萄格外小心地运往目的地，确保葡萄粒没有爆裂；窖藏环境干净卫生；想办法保护葡萄酒免受氧气的侵袭。

葡萄酒的平均含硫量由低到高排列如下：

红葡萄酒　　起泡酒　　桃红葡萄酒　　白葡萄酒　　甜酒

含硫量

葡萄酒的含硫量从 3mg/L 至 300mg/L 不等，也就是说，葡萄酒之间含硫量差别很大，含硫量则根据不同类型的葡萄酒而有所差异。

 无硫葡萄酒

极少数大胆的酿酒师甚至在酿酒时不添加硫。这样的葡萄酒酒体很不稳定，需要严格的保存条件［温度低于 16℃］，稍有不慎，发酵过程就可能会重新启动，或者是葡萄酒被迅速氧化。这些无硫葡萄酒的口感出人意料，充满着新鲜活力……但一旦出现问题，则会充斥着烂苹果和牲畜棚的气味。

一天，科拉莉背上背包，跳上汽车，出发了。利用一年的假期出去看看风景是她一直以来的强烈愿望。当然，她心里已经有了主意：逃离城市的喧嚣，去郊外品尝葡萄酒。科拉莉打开导航仪，但一路上她几乎没怎么用过。因为她更喜欢流连于公路风景和没有沥青的小道之间，随心所欲地在某个产区、某个葡萄园或者某个酒庄停下来。道路两旁满是"葡萄酒之路"的路牌，在它们的指引下，她爬上山坡，走下山谷。有时，她会停下来，看一看阳光下的葡萄粒。她踏遍了各种各样的土地，从坚硬的岩石地到柔软的黏土地，行走在葡萄植株间沉睡的小石子上。

　　埃克托尔提醒过她："你会发现，葡萄会因地区和风土的不同而呈现出巨大差异。"她发现果然如此。山坡上的葡萄树，饱受岁月折磨的葡萄树，潜力无限的嫩芽，可谓形态各异。她亲自品尝了不同地区酿造的葡萄酒。阿尔萨斯的白葡萄酒带有强烈的刺激感，朗格多克的白葡萄酒口感醇厚，葡萄牙的白葡萄酒是绿色的，里奥哈的红葡萄酒口感丝滑，托斯卡纳的红葡萄酒"肌肉感"十足。科拉莉带回来上百张照片，更重要的是，她将所有美酒的味道一并带了回来。她明白了一点，地区、气候、海拔高度、干燥度、成长史、人的决策与劳作，这一切组合在一起，赋予了每一款葡萄酒独特的个性。风土，这个曾经在她头脑里十分模糊的概念，如今已变得非常具体，也让她意识到风土的重要性。

　　本章献给所有和科拉莉一样，喜欢旅行和探险并热爱学习的朋友们。

风土与产区
葡萄酒的身份

风土·法国葡萄酒

欧洲葡萄酒·世界葡萄酒

风土

风土[terroir]是一个比较难理解的概念。而且这个词很少被准确翻译成其他语言，在英语里也没有对应的词汇。概而言之，我们可以说，风土综合了与葡萄酒性能标准有关的所有因素。

地理环境

气候

与气象不同，气候包含了某一特定地区的各种天气条件。

我们可以通过以下因素来定义某一地区的气候情况：

▸ 平均最低气温和平均最高气温；

▸ 平均降水量；

▸ 风的特性，风可以使葡萄风干，变冷或者变暖甚至防止葡萄结冰；

▸ 极端气候，如冰冻天气、冰雹、暴雨。

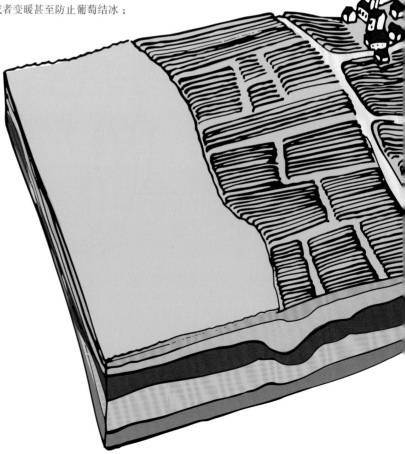

气候可以分为大陆性气候、海洋性气候、山地气候、地中海气候……

这些大环境中还包含着许许多多的小气候，小气候的特性受地形、植被等影响较大，像盆地、山丘、湖泊、森林等。

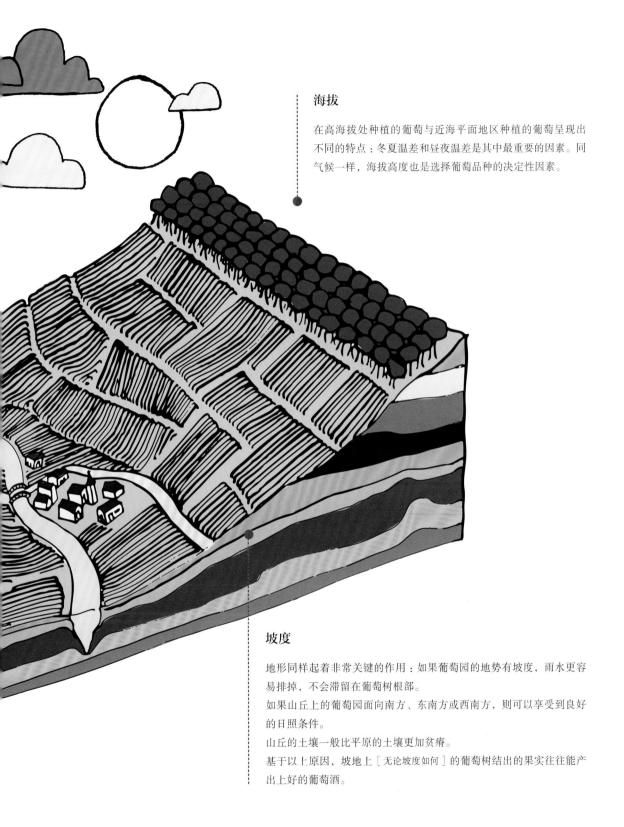

海拔

在高海拔处种植的葡萄与近海平面地区种植的葡萄呈现出不同的特点：冬夏温差和昼夜温差是其中最重要的因素。同气候一样，海拔高度也是选择葡萄品种的决定性因素。

坡度

地形同样起着非常关键的作用：如果葡萄园的地势有坡度，雨水更容易排掉，不会滞留在葡萄树根部。

如果山丘上的葡萄园面向南方、东南方或西南方，则可以享受到良好的日照条件。

山丘的土壤一般比平原的土壤更加贫瘠。

基于以上原因，坡地上［无论坡度如何］的葡萄树结出的果实往往能产出上好的葡萄酒。

风土与产区——葡萄酒的身份

不同类型的土壤

对于葡萄树而言，土壤结构中的底土和基岩更重要。

底土的类型

‣ 黏土、石灰岩，甚至还有黏质石灰岩；

‣ 海洋消失后留下的泥灰岩；

‣ 分布在山区的页岩、花岗岩、片麻岩；

‣ 分布在海洋、江河、三角洲地区的沙土、粗砂、砾石；

‣ 鹅卵石、白垩土、玄武岩、火山岩等。

在同一种植地，经常出现不同类型的土壤相连或交叠在一起的情况，这就使得对当地风土的认知变得十分复杂。

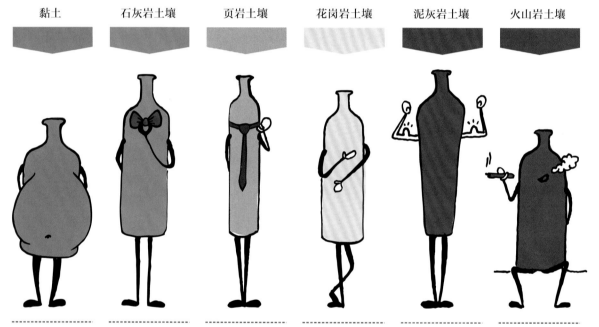

黏土	石灰岩土壤	页岩土壤	花岗岩土壤	泥灰岩土壤	火山岩土壤
产出的葡萄酒厚重、肥腻，单宁感突出。	产出的葡萄酒优雅细腻、果酸宜人。	产出的葡萄酒素淡、纤瘦，富含矿物香。	产出的葡萄酒柔顺和谐、香气浓郁。	产出的葡萄酒强劲有力。	产出的葡萄酒深邃，有烟熏味，余味悠长。

 土壤养分

葡萄树普遍偏爱贫瘠的土壤，好酒往往产自水分和养分适中的土地。葡萄树的根部可以延伸至地下数米，吸收养料，维持生命。

葡萄树的树根扎得越深，产出的葡萄酒的品质就越高。治理葡萄树，既不能让土壤过于贫瘠，也不能让它太肥沃。而且，肥沃富饶的土壤会使葡萄树像藤本植物一样茂盛，从而无法将葡萄汁很好地凝聚在果实里。

酒农的劳动

没有了酒农，风土便毫无价值。

酒农的劳动就在于让风土在葡萄栽培和酿造过程中体现出自身的价值。

根据土壤和气候条件来选择最优的葡萄品种、最适宜的绑缚方式和修剪方式，还要精心打理葡萄园，选择最佳收获时间。

要根据地块来挑选葡萄。[11世纪，勃艮第的修道士通过品尝泥土来决定葡萄树的治理方式。而如今，很多精密的方法，如酸碱度测试或分析法，可以让我们更科学地利用土壤。]

在酒窖，我们要选定最佳的发酵条件和熟成方式，目的是使风土作用充分施展，不因繁复的工艺或放任自流的处理方式而抑制或掩盖风土的特点。

为土壤排水，补给养分，维护土壤健康。

在尊重风土的同时，还要尝试解读它和塑造它。这样才能够酿造出真正的"风土酒"，而不是单纯的"品种酒"。

什么是风土酒？

▸ 地质和地理特性尤为突出；
▸ 遵照地方生产工艺的历史与传统［称之为地区典型性］；
▸ 不为流行趋势而生产。

什么是品种酒？

▸ 只散发出葡萄品种的香气［我们称之为品种表现力］；
▸ 没有地域限制；
▸ 属于工艺酒，其酿造工艺与葡萄产区并无太大关联；
▸ 为顺应潮流而打造的葡萄酒，与产区特点无关。

阿尔萨斯 ALSACE

白葡萄酒：约 90%
红葡萄酒：约 10%

你该了解

葡萄品种

与法国其他葡萄产区不同，阿尔萨斯葡萄酒一般都会在瓶上标注葡萄品种。所以首先要选择我们喜欢的葡萄品种：麝香、西万尼［Sylvaner］……品种的选择比地块更重要，带有矿物味的雷司令，充满香料味的琼瑶浆，别忘了，还有散发着烟熏味的灰皮诺［Pinot Gris］。这里还出产起泡酒［一般由白皮诺酿造］，以及干型、甜型或超甜型葡萄酒。用来酿造甜酒的是 4 个被称为"贵族"的葡萄品种：麝香、灰皮诺、琼瑶浆、雷司令。根据浆果的含糖量，选择用晚收葡萄或贵腐葡萄来酿造甜葡萄酒。

特级葡萄园

选定品种后，阿尔萨斯葡萄酒行家接下来会寻找"Grand Cru"［特级葡萄园］的字样。阿尔萨斯特级葡萄园是 4 种贵腐葡萄的专属种植地，它囊括了阿尔萨斯产区最好的 51 个庄园［如：Osterberg、Rangen、Schlossberg、Zinnkoepflé……］。阿尔萨斯的地质条件复杂多变［那里有 13 种不同的地质环境，如火山沉积岩、砂岩、片麻岩等］，这也使它成为法国地质状况最为复杂的地区。但不管怎样，你一定会在那里找到价格合理的美酒，也会遇到大大小小的葡萄酒庄园。

Wissembourg

斯特拉斯堡
Strasbourg

Marlenheim

下莱茵省
Bas-Rhin

Molsheim

Obernai

Barr

Dambach-la-Ville

Sélestat

Ribeauvillé

Riquewihr

上莱茵省
Haut-Rhin

Colmar

Guebwiller

米卢斯Mulhouse

Thann

白葡萄品种
雷司令、琼瑶浆、麝香、
西万尼、灰皮诺、白皮诺

红葡萄品种
黑皮诺

法定产区分级
alsace、alsace grand cru、
crémant d'alsace

博若莱　BEAUJOLAIS

红葡萄酒：98%

白葡萄酒和起泡酒：2%

博若莱酒和博若莱新酒

人们常常将博若莱酒和它的小兄弟博若莱新酒
相提并论。博若莱新酒是由当年采摘的葡萄酿造
而成的，酿造完成后立即装瓶，在每年 11 月的
第三个星期四，在全球各地同时开瓶畅饮。因此，
它还来不及把它复杂的香气释放出来，而它的
单一性和众所周知的"香蕉味"经常受到人们
的指责。但博若莱酒，不只是新酒。博若莱是
佳美葡萄的故乡，佳美是一种高果香、低单宁
的葡萄品种。博若莱地区生产的葡萄酒十分易
饮，尤其是特级酒庄［Beaujolais Cru］酿造的葡
萄酒复杂度更高，可以陈放 10 年以上。

选择哪种葡萄酒？

如果你正在寻找一款清淡爽口、活力十足的葡
萄酒，那么博若莱村庄级［Beaujolais Villages］是
个不错的选择。然而，最棒的美酒往往隐藏在
特级酒庄里，而且价格是完全可以接受的。墨贡、
谢纳、风车磨坊生产的葡萄酒结构严谨，单宁
感强，适合陈放。而希露博和圣爱酒庄生产的
葡萄酒则更加细腻清雅。弗勒里的葡萄酒则散
发着浓郁的红色水果和鲜花的香气。

白葡萄品种

霞多丽

红葡萄品种

佳美

Beaujolais-Villages

圣爱 Saint-Amour

Juliénas

谢纳 Chénas

希露博
Chiroubles

风车磨坊 Moulin-à-vent

弗勒里 Fleurie

墨贡 Morgon

Régnié

Côte-de-Brouilly

Brouilly

Beaujolais

里昂 Lyon

Coteaux-du-lyonnais

白葡萄酒和起泡酒：约 70%
红葡萄酒：约 30%

亚地区级产区：夜丘

村庄级产区：Gevrey-Chambertin；Saint-Véran

一级葡萄园：Gevrey-Chambertin 1er Cru Aux Combottes、Gevrey-Chambertin 1er Cru Bel-Air

特级葡萄园：Chablis Grand Cru Vaudésir［夏布利］、Corton Grand Cru Les Renardes［伯恩丘］、Les Grands-Échezeaux［夜丘］。

你该了解

在勃艮第，很少有酒园叫 Château，而是叫 Domaine 或 Clos——它是指古老的围墙围起来的葡萄庄园。除了约讷省内相隔一段距离的夏布利和大欧塞瓦［Grand Auxerrois］以外，整个勃艮第的葡萄园自北向南呈狭长的条带状分布，宽约数公里，从第戎延伸至里昂。勃艮第产区又分为 4 个子产区，由北向南依次为：夜丘、伯恩丘、夏隆内丘、马孔内。

白葡萄酒还是红葡萄酒？

来自夏布利的葡萄酒一定是白葡萄酒。夜丘以出产红葡萄酒而著称［热夫雷-香贝丹、香波-慕西尼等］。伯恩丘也以白葡萄酒而闻名于世［默尔索、夏山-蒙哈榭等］，致力于生产红葡萄酒的玻玛和沃尔奈除外。

白葡萄酒、红葡萄酒，还有勃艮第起泡酒在其他区域也随处可见。然而，每个产区对酿酒葡萄品种有明确的规定：黑皮诺专用于酿造红葡萄酒，霞多丽专用于酿造白葡萄酒，阿里高特［Aligoté］葡萄和圣布里的长相思葡萄也值得关注。

分级制度

勃艮第地区有 100 多个法定产区，质量等级从地区级到特级不等。除了法定产区以外，还可以根据"略地"［lieu-dit］或地块［parcelle］，也就是我们常说的"气候"［climat］，来判断酒的质量。勃艮第的地块数量超过 2500 个。

分级制度和产区示例

地区级法定产区：勃艮第

购买

勃艮第葡萄酒价格昂贵，除有些可与香槟媲美的起泡酒外，其他的酒购买中等价位的即可。

产区

其次，根据分级来看产区：与其选择一般地区级葡萄酒，不如选择一个不知名的村庄级产区葡萄酒，因为前者只意味着葡萄的采收范围广而不精。因此，秘诀就是，选择与某个知名村庄相邻的隐秘村庄。例如，如果是红葡萄酒，选择蒙蝶利的而不选沃尔奈的；如果是白葡萄酒，选择圣欧班的而不选默尔索的。此外，一定可以尝试一下马孔内白葡萄酒，通常性价比很不错。

生产者

除了产区和地块名称以外，还要考虑到生产者……或者是酒商。勃艮第有很多酒商，他们会从葡萄种植者那里采购葡萄或葡萄酒，并用自己的品牌进行销售。酒商所提供的产区等级相当广泛……但酒商有时不如酒庄更有自己的独特性。

风味

勃艮第北方地区酿造的黑皮诺口感非常细腻，越往南口感越丰厚。霞多丽亦是如此，夏布利的霞多丽口感纯净，略带矿物香，伯恩丘的霞多丽口感强劲，而马孔内的霞多丽则肥厚滑腻。

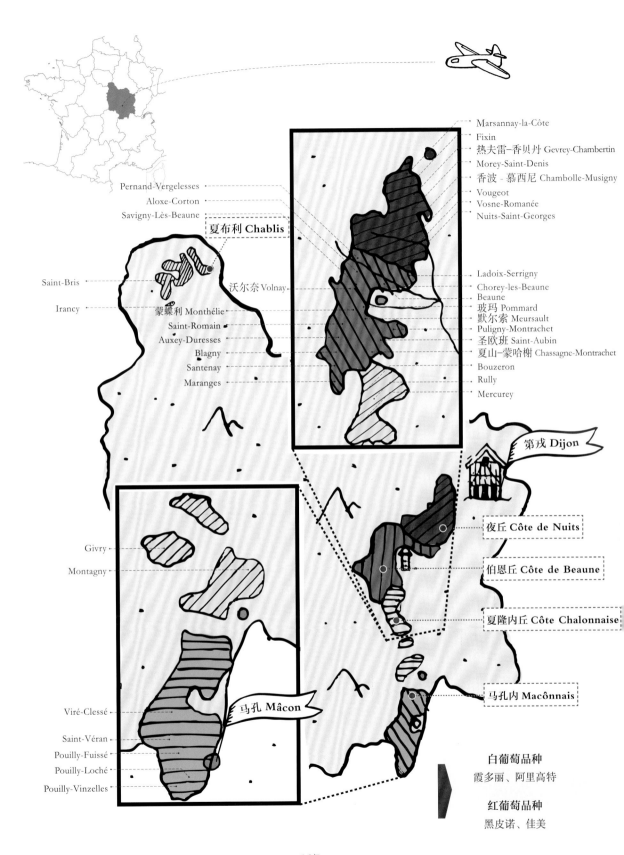

Pernand-Vergelesses
Aloxe-Corton
Savigny-Lès-Beaune

夏布利 Chablis

Marsannay-la-Côte
Fixin
热夫雷-香贝丹 Gevrey-Chambertin
Morey-Saint-Denis
香波 - 慕西尼 Chambolle-Musigny
Vougeot
Vosne-Romanée
Nuits-Saint-Georges

Saint-Bris
Irancy

沃尔奈 Volnay

蒙蝶利 Monthélie
Saint-Romain
Auxey-Duresses
Blagny
Santenay
Maranges

Ladoix-Serrigny
Chorey-les-Beaune
Beaune
玻玛 Pommard
默尔索 Meursault
Puligny-Montrachet
圣欧班 Saint-Aubin
夏山-蒙哈榭 Chassagne-Montrachet
Bouzeron
Rully
Mercurey

第戎 Dijon

夜丘 Côte de Nuits

伯恩丘 Côte de Beaune

夏隆内丘 Côte Chalonnaise

Givry
Montagny

马孔 Mâcon

马孔内 Macônnais

Viré-Clessé
Saint-Véran
Pouilly-Fuissé
Pouilly-Loché
Pouilly-Vinzelles

白葡萄品种
霞多丽、阿里高特

红葡萄品种
黑皮诺、佳美

风土与产区——葡萄酒的身份

波尔多　BORDEAUX

红葡萄酒和桃红葡萄酒：约 90%
白葡萄酒：约 10%

左岸［上梅多克和梅多克］：赤霞珠［和梅洛混酿］占主导地位。

右岸［波美侯、圣埃米利永等］：梅洛［和品丽珠混酿］占主导地位。

你该了解

波尔多是红葡萄酒的故乡，全球最知名的［也是最昂贵的］红葡萄酒就产于此地，波尔多也有一些毫不知名的小酒庄或者价格低廉的葡萄酒。虽然酒标上会标注酒的产地、酒庄和酿造年份，但我们还是很难挑选一瓶合适的波尔多葡萄酒。

产地

产地标注得越详细，说明酒的质量越好。根据区域的不同，酒标上会印有"波尔多"或"超级波尔多"［bordeaux supérieur］。还可以在酒标上标注地方性的名称，如梅多克、波特、名酒的酒标上往往印有酒庄所在村庄名称，如圣埃斯泰夫、波雅克、玛歌、圣朱利安等。

酒堡

波尔多地区通常用"château"而不是"domaine"来命名酒庄。有些酒堡知名度很高，酒质也不错［价格也水涨船高］，而另一些则更低调，生产的葡萄酒价格合理，是值得我们去发掘的好酒。还有一些只是通过宣传手法来营销自己的酒，酒的品质实际上并不高。

年份

在波尔多，葡萄酒的年份很重要，因为它才是葡萄酒价格曲线的决定性因素。酒庄酒的价格会根据气象和该年份的声誉而波动。因此，深受好评的 2010 年波尔多酒通常比 2011 年或 2007 年的波尔多酒价格更高。在好年份里，即使是小酒庄的葡萄酒也会十分畅销，而且适合陈年。

分级制度

波尔多的分级制度仅针对梅多克、格拉夫、圣埃米利永、苏玳 4 个产区的最顶级葡萄酒［这种分级制度争议不断］。例如，1855 年的分级制度根据当时的葡萄酒价格，将梅多克的酒庄分成了 5 个等级。除了列级酒庄外，后来又有了中级酒庄和艺术家酒庄。

一级酒庄

梅多克一级酒庄：
Château Latour［波雅克］
Château Lafite-Rothschild［波雅克］
Château Mouton-Rothschild［波雅克］
Château Haut-Brion［格拉夫］
Château Margaux［玛歌］
苏玳一级酒庄： Château Yquem
圣埃米利永一级酒庄：
Château Ausone
Château Cheval Blanc
Château Pavie［始于 2012］
Château Angélus［始于 2012］

近来的好年份

2010	2009	2005

 参观波尔多葡萄园

若想探寻波尔多葡萄酒，你可以参加梅多克一年一度的马拉松比赛，或者在公路上平静漫步，你就会看到一座座酒庄的名字。可以参观最顶级的酒庄［在那里品酒有时需要付费］，但也别忘了绕个弯，去看看那些不知名的酒庄：在那里，你将发现意外的惊喜。

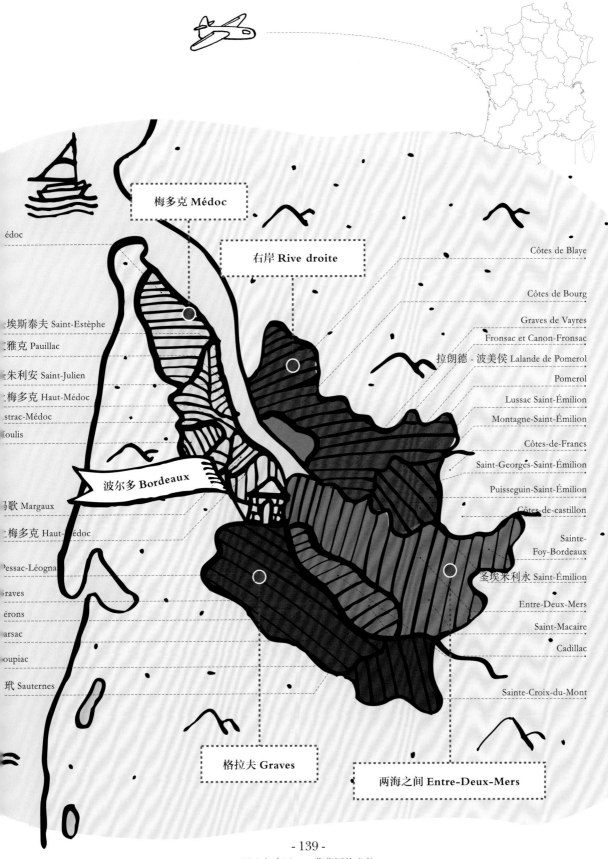

梅多克 Médoc

右岸 Rive droite

Côtes de Blaye

Côtes de Bourg

Graves de Vayres

Fronsac et Canon-Fronsac

拉朗德 - 波美侯 Lalande de Pomerol

Pomerol

Lussac Saint-Émilion

Montagne-Saint-Émilion

Côtes-de-Francs

Saint-Georges-Saint-Émilion

Puisseguin-Saint-Émilion

Côtes-de-castillon

Sainte-Foy-Bordeaux

圣埃米利永 Saint-Émilion

Entre-Deux-Mers

Saint-Macaire

Cadillac

Sainte-Croix-du-Mont

édoc

埃斯泰夫 Saint-Estèphe

雅克 Pauillac

朱利安 Saint-Julien

梅多克 Haut-Médoc

strac-Médoc

oulis

波尔多 Bordeaux

马歌 Margaux

梅多克 Haut-Médoc

Pessac-Léogna

raves

érons

arsac

oupiac

玳 Sauternes

格拉夫 Graves

两海之间 Entre-Deux-Mers

香槟区 CHAMPAGNE

全球最知名的喜庆酒源自法国最北部的葡萄产区：香槟区。香槟区主要采用 3 个葡萄品种：霞多丽、黑皮诺、莫尼耶皮诺，这三个品种经常进行混酿。倘若是以百分百的霞多丽酿造的香槟，叫作"白中白"［只用白葡萄品种酿造的白香槟］。

由黑皮诺和莫尼耶皮诺混酿而成的香槟被称为"黑中白"。桃红香槟的着色可以通过浸皮来实现，而更常用的方法是在酿酒之后加入红葡萄酒。

你该了解

香槟酒没有真正意义上的产区：用于酿造顶尖香槟品牌的葡萄往往来自整个香槟地区。但我们一般认为，白丘最适合种植霞多丽，而黑皮诺更喜欢在兰斯山生长，莫尼耶皮诺是马恩河谷和巴尔丘主要种植的葡萄品种。

然而，香槟地区也有分级制度：未分级园、一级园、特级园。一级园和特级园的划分由其所在地块的葡萄品质决定。

味道

香槟酒的味道十分微妙，但不同种类的香槟酒之间没什么明显的差异。霞多丽是酿造香槟的主要葡萄品种，白中白香槟一般更细腻、酸度更高，适合作开胃酒或搭配清淡的菜品饮用。黑中白香槟和桃红香槟则更强劲浓烈［浓郁的香气和圆润感让人联想到红葡萄酒］，这两款酒可以作为正餐的配酒。土壤也会影响香槟酒的口感：兰斯和埃佩尔奈附近大量的白垩土使葡萄酒的口感细腻圆润，充满丰富的矿物香；黏土则使葡萄酒更加丰厚滑腻。

年份酒还是非年份酒？

香槟一般都没有年份：它主要使用当年的葡萄酒和少量往年的基酒调配而成，以便确保香槟酒在每年都保持不变的品质和风格。因此，香槟酒往往带有鲜明的家族特征。但是，如果当年收获的葡萄表现出色，生产者也可以酿造年份香槟酒，年份香槟酒全部是由当年采收的葡萄酿造而成的。这样的酒个性更鲜明，窖藏潜力更大，甚至可以陈放数十年，其价格也因此而更昂贵。

干型还是甜型？

香槟酒封瓶前加入的最终调味液会多多少少地含有一些糖分，含糖量从 0—50g/L 不等，调味液的加入能够彻底改变香槟酒的风味。

我们将香槟酒分为：绝干、超干、干、微甜、半甜、甜。前三种香槟的特点是纯净、解渴，适合各种庆典和酒会。后三种香槟是餐后甜点的搭配圣品，可以替代甜白酒。

品牌香槟还是酒农香槟？

香槟地区是品牌的王国。顶级酒厂出品的葡萄酒行销全球，消费者可以较容易地购买到质量稳定的美酒。顶级酒厂出产的香槟酒稳定性极高。为了保证葡萄供应，它们会从种植者那里采购葡萄。

但有些品牌的香槟酒实在缺乏个性，如果你想寻找令人一见钟情的或者性价比高的美酒，有时需要将目光投向小酒农那里。

好酒不易寻，你最好能亲自进行实地考察，结识一个可靠的香槟酿酒师，这会令你的朋友们都心生妒忌，因为他们不得不和大部分人一样，只能到超市里购买高价香槟酒。

葡萄酒生活提案

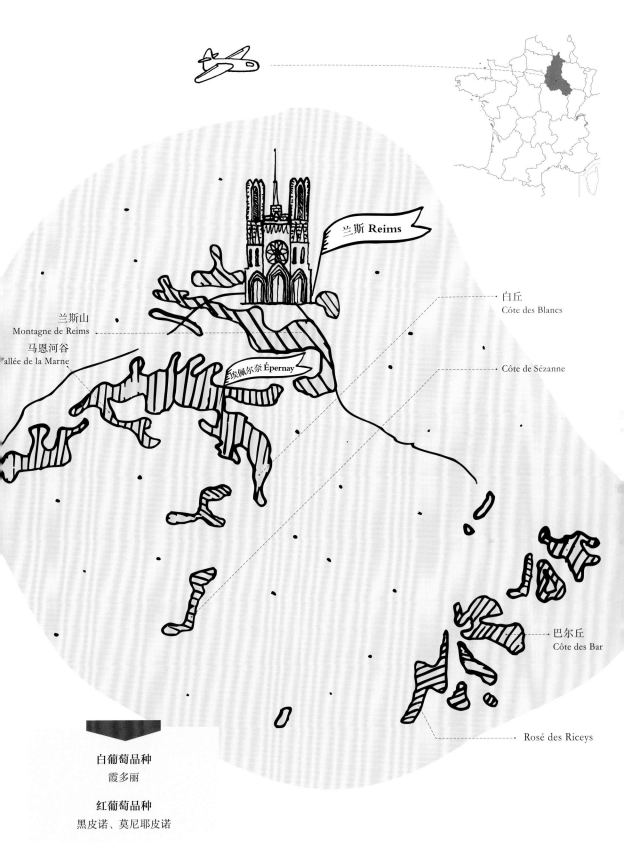

兰斯 Reims

兰斯山
Montagne de Reims

马恩河谷
Vallée de la Marne

埃佩尔奈 Épernay

白丘
Côte des Blancs

Côte de Sézanne

巴尔丘
Côte des Bar

Rosé des Riceys

白葡萄品种
霞多丽

红葡萄品种
黑皮诺、莫尼耶皮诺

风土与产区——葡萄酒的身份

· 朗格多克－鲁西永　LANGUEDOC-ROUSSILLON ·

红葡萄酒和桃红葡萄酒：约 **80%**
白葡萄酒：约 **20%**

朗格多克-鲁西永是法国第一大葡萄种植区，无论是在产量上［年产量占法国葡萄酒年总产量的 40%］，还是在规模上。朗格多克-鲁西永从与罗讷河谷相连的尼姆［Nimes］一直延伸至与西班牙接壤的边境。朗格多克-鲁西永出产的葡萄酒品种多样：白葡萄酒、红葡萄酒、桃红葡萄酒，以及干型和甜型葡萄酒。

你该了解

如果说曾经的朗格多克-鲁西永是以产量致胜的话，那么现在的它将重点从产量转向了品质，致力于出产魅力十足、个性鲜明的葡萄酒。它的目标实现了：在当地的很多葡萄园里，我们都可以找到价格合理、品质一流的葡萄酒。例如，利慕的白葡萄酒、科比埃和皮克-圣路［Pic-Saint-Loup］的红葡萄酒，尤其是皮克-圣路的天然甜酒越来越受到人们的青睐。

风味

如果你发现该地区的葡萄酒与罗讷河谷南部产区的葡萄酒味道十分相似，你大可不必惊讶：因为它们采用的葡萄品种几乎完全相同。如果老藤培育得当的话，唯一能给人带来惊喜的是朗格多克-鲁西永的特色品种——涩口的佳丽酿；用它酿造出来的葡萄酒粗重、醇厚，带有矿物香。在白葡萄酒里，霞多丽越来越流行［并引人注目］，还有那些来自四面八方的不同品种，它们汇集在一起，散发着热带水果、榛子和白色鲜花的混合香气。

产区

圣西尼昂、福热尔、密内瓦产区的葡萄酒一般比科比埃、朗格多克、鲁西永丘产区的葡萄酒更加柔和、没有那么强劲。在有海拔高度的土地里生长的葡萄制出的酒口感更加新鲜、精致。其他地区生产的葡萄酒则更浓烈，带有葡萄园周围的草香、百里香、月桂香和灌木植物的香气。在朗格多克地区，你将在克拉普［Clape］、皮克-圣路等 17 个当地产区中发现意外惊喜。但除了产区以外，使葡萄酒体现出差异性的还有酿酒师的劳动。只要稍加留意，你就会发现，朗格多克-鲁西永是葡萄酒生意非常红火的地方。

天然甜酒

朗格多克-鲁西永以天然甜酒而闻名于世，无论是甜红葡萄酒还是甜白葡萄酒。
在甜白葡萄酒中，麝香葡萄酒［芳蒂娜麝香、里韦萨特麝香］散发出浓郁的香气，口感十分优雅。
而甜红葡萄酒［莫里、班努斯］则散发着可可、咖啡、甘草、无花果、蜜饯、杏仁、核桃的香气，滑腻感十足，其呈现出的复杂感与顶级波特酒颇为相似。

白葡萄品种

霞多丽、克莱雷特［Clairette］、白歌海娜、布布兰克［Bourboulenc］、匹格普勒［Picpoul］、玛珊、胡珊、马卡布［Macabeu］、莫札克、麝香

红葡萄品种

佳丽酿、西拉、歌海娜、神索、慕合怀特、梅洛。

热尔 Faugères

西尼昂 Saint-Chinian

内瓦 Minervois

比埃 Corbières

bardès

òtes de Malepère

慕 Limoux

里 Maury

esaltes

西永丘 Côtes du Roussillon

Coteaux du Languedoc

Clairette du Languedoc

尼姆 Nîmes

Costières de Nîmes

Muscat de Frontignan

Fitou

Côtes du Roussillon Villages

佩皮尼昂 Perpignan

Collioure

Banyuls 班努斯

风土与产区——葡萄酒的身份

普罗旺斯 PROVENCE、科西嘉岛 CORSE

桃红葡萄酒：约 80%

红葡萄酒：约 15%

白葡萄酒：约 5%

桃红葡萄酒为主

适合度假时饮用的葡萄酒，是这个葡萄酒产区给人们留下的印象。提起普罗旺斯，人们就会联想到大海、蝉鸣、薰衣草、橄榄树和桃红葡萄酒。你可不要惊讶，普罗旺斯地区的桃红葡萄酒产量非常大，年产量呈逐年递增的趋势，而其他种类的葡萄酒产量却相应地逐年下降。普罗旺斯当地桃红葡萄酒的产量占整个法国桃红葡萄酒产量的一半，该地区也是全世界第一大桃红葡萄酒供应地。这里的桃红葡萄酒的品质毋庸置疑，遗憾的是，在它的映衬下，那些晶莹剔透的白葡萄酒和结构复杂、陈年潜力惊人的红葡萄酒都变得黯然失色了。

选酒

帕莱特和巴莱产区的白葡萄酒优雅和谐，是由侯尔葡萄酿造的，散发出椴树、茴香的独特气味。莱博-普罗旺斯地区的红葡萄酒大多是生态农业或生物动力种植法的产物，

酿造的葡萄酒强劲有力，富含香料香，需存放若干年才能软化。邦多勒的红葡萄酒［尤其是用慕合怀特酿造的］堪称普罗旺斯地区的最佳美酒。经过多年熟成后，它能够散发出松露、灌木、桑葚和甘草的香气。

白葡萄品种

侯尔［韦尔芒提诺］、
白歌海娜、克莱雷特、
布布兰克、白玉霓

红葡萄品种

佳丽酿、西拉、歌海娜、
神索、慕合怀特、赤霞珠

桃红葡萄酒：约 45%

红葡萄酒：约 40%

白葡萄酒：15%

科西嘉的白葡萄酒精致、诱人，融合着清新的密林野草和娇嫩的花朵香气，给人带来愉悦之感。还有巴特摩尼奥产区的红葡萄酒、科西嘉角的麝香天然甜酒，越来越受到人们的热烈追捧。

白葡萄品种

韦尔芒提诺、麝香

红葡萄品种

涅露秋、夏卡雷罗［Sciacarello］、
歌海娜

- 144 -

葡萄酒生活提案

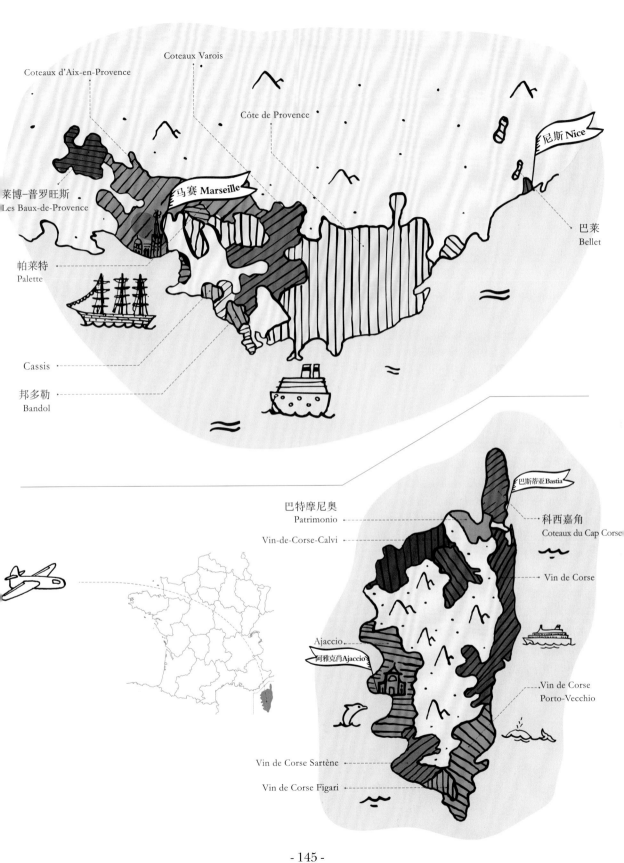

Coteaux Varois

Coteaux d'Aix-en-Provence

Côte de Provence

尼斯 Nice

马赛 Marseille

莱博−普罗旺斯
Les Baux-de-Provence

巴莱
Bellet

帕莱特
Palette

Cassis

邦多勒
Bandol

巴特摩尼奥
Patrimonio

巴斯蒂亚 Bastia

Vin-de-Corse-Calvi

科西嘉角
Coteaux du Cap Corse

Vin de Corse

Ajaccio

阿雅克肖 Ajaccio

Vin de Corse
Porto-Vecchio

Vin de Corse Sartène

Vin de Corse Figari

风土与产区——葡萄酒的身份

西南产区 SUD-OUEST

红葡萄酒和桃红葡萄酒：约80%
白葡萄酒：约20%

你该了解

法国西南产区的葡萄种植园非常分散，它是由一个个小葡萄园汇集成的一片区域，从波尔多一直延伸至巴斯克［Basque］地区。尽管这里的葡萄酒呈现出刚烈、强劲、迷人的共同特点，但酿造它们的葡萄品种却千差万别，体现出土地的多样性。

物美价廉

西南产区的葡萄酒的品质已经远超价格，可说是物美价廉。最引人注目的是甜白葡萄酒，价格也比波尔多便宜得多：经过一段"疲软期"，蒙巴兹雅克会恢复一些酸度，而朱朗松的盛名持续走高。维克–比勒–帕歇汉克冰酒不仅结构复杂，口感精致，而且价格的确很便宜。此地区干白葡萄酒的售价普遍不高。酒体轻盈的红葡萄酒价格也相对便宜。而马迪朗除了几个明星酒庄的酒售价偏高以外，其他一些酒庄的价格是完全可以接受的。

贝尔热 Bergerac

蒙巴兹雅克 Montbazillac

Pécharmant

Montravel

Duras

马蒙德 Marmandais

Buzet

巴约讷 Bayonne

伊卢雷基 Irouléguy

朱朗松 Jurançon

维克—比勒—帕歇汉克 Pacherenc du Vic-Bilh

Béarn

马迪朗 Madiran

卡奥尔
Cahors

Marcillac

弗隆东丘
Côtes du Frontonnais

加亚克 Gaillac

图卢兹Toulouse

葡萄品种

吉伦特省首府附近的贝尔热拉克和马蒙德，采用的是波尔多的葡萄品种：赤霞珠和梅洛。马尔贝克葡萄是卡奥尔产区的"国王"。弗隆东产区提倡采用当地的葡萄品种——聂格列特［Négrette］，正如马迪朗产区喜欢采用当地味道强劲的丹那［Tannat］葡萄一样。

此产区酿造白葡萄酒的葡萄品种同样多种多样，从波尔多经典的"二重奏"——长相思-赛美蓉，到南部有特色的小满胜［Petit Manseng］和大满胜［Gros Manseng］。

味道

产地特征在酒杯里会表现得非常明显。波尔多附近地区出产的葡萄酒与波尔多酒颇为相像，只是多了几分淳朴。葡萄树根在地里扎得越深，酿出的葡萄酒的肌肉感、结构感、香料香就越突出。卡奥尔葡萄酒展现出一系列巧克力和杏仁可可的香气；伊卢雷基葡萄酒更偏向于野花和森林的香气；弗隆东的聂格列特葡萄酒释放出极具特色的紫罗兰的芬芳。

窖藏

弗隆东和加亚克葡萄酒适合年轻时饮用，而马迪朗和卡奥尔葡萄酒需要数年的时间来软化其顽固而强劲的单宁酸，这也成就了它们令人欣赏的陈年能力，陈放时间需要 10 至 20 年。

白葡萄品种

长相思、赛美蓉、莫札克、库尔布［Courbu］、小满胜、大满胜

红葡萄品种

赤霞珠、品丽珠、梅洛、马尔贝克、丹那、聂格列特、费尔莎伐多［Fer Servadou］

卢瓦尔河谷　VALLÉE DE LA LOIRE

白葡萄酒：约 55%

红葡萄酒和桃红葡萄酒：约 45%

你该了解

卢瓦尔河谷是法国最辽阔的葡萄产区。它从南特附近的大西洋沿岸，溯卢瓦尔河而上，直至奥尔良和布尔日［Bourges］。

该地区出产各种类型的葡萄酒：白葡萄酒、桃红葡萄酒、红葡萄酒、甜型葡萄酒、超甜型葡萄酒和起泡酒。很多年轻的酿酒师都迁居于此，为了真正实现他们伟大的"酿酒梦"，打造出一件件价格不等、风格不一的葡萄酒。

卢瓦尔河谷大产区分为 4 个次产区：南特产区、安茹产区、都兰产区和中央大区。每个产区都有自己独特的个性。

四大产区

卢瓦尔河谷的法定产区数量繁多，但没有分级制度。
尽管如此，各个产区酿造的葡萄酒有很大的差异性。每个产区都有其情有独钟的葡萄品种。

南特产区

这里是蜜斯卡岱［也称勃艮第香瓜（Melon de Bourgogne）］的王国。蜜斯卡岱葡萄酒曾长期因品质低劣而遭到贬低，如今终于迎来了新的曙光。蜜斯卡岱葡萄酒微酸带涩，质量上乘，可以陈放数年，是平价开胃酒的不二之选。此外，昂斯尼［Ancenis］出产一种活跃轻盈的红葡萄酒，是由佳美葡萄酿制的。

安茹产区、索米尔产区［Saumur］、都兰产区

这些产区出产的葡萄酒酒体丰厚，结构感强。由白诗南酿造的白葡萄酒香气十足、酸甜适度。干型葡萄酒价格低廉，有的甚至相当出色，却并不为人所知。甜葡萄酒是餐后甜点的绝配，可以保存数十年，含有白色鲜花、蜂蜜和木瓜的复杂香气。白诗南也可用于酿造优雅的起泡酒。

至于红葡萄酒，品丽珠葡萄酒的陈年时间从 2 年到 10 年不等，酒体清爽，顺滑易饮，散发出覆盆子和草莓的香气，是巴黎小酒馆客人们的至爱。佳美葡萄酒更加简单、清雅。但安茹产区的桃红葡萄酒味道平平。

中央大区

长相思葡萄酒是这里的"主人"。虽然都兰产区也有长相思，但正是中央大区，特别是桑塞尔产区的长相思凭借极富表现力的香气享誉全球。它有一种类似于鲜草、柠檬和柚子的香气。长相思的价格从此居高不下，因此，你不妨在中央卢瓦尔河谷附近的默内图萨隆、勒伊等产区打探一下，或许可以找到价格更容易让人接受的长相思。和勃艮第一样，这里的红葡萄酒也是由黑皮诺酿造的，它口感顺滑，富含果香，是搭配鱼类菜肴的佳品。

白葡萄品种
勃艮第香瓜、白诗南、长相思、霞多丽

红葡萄品种
品丽珠、佳美、黑皮诺

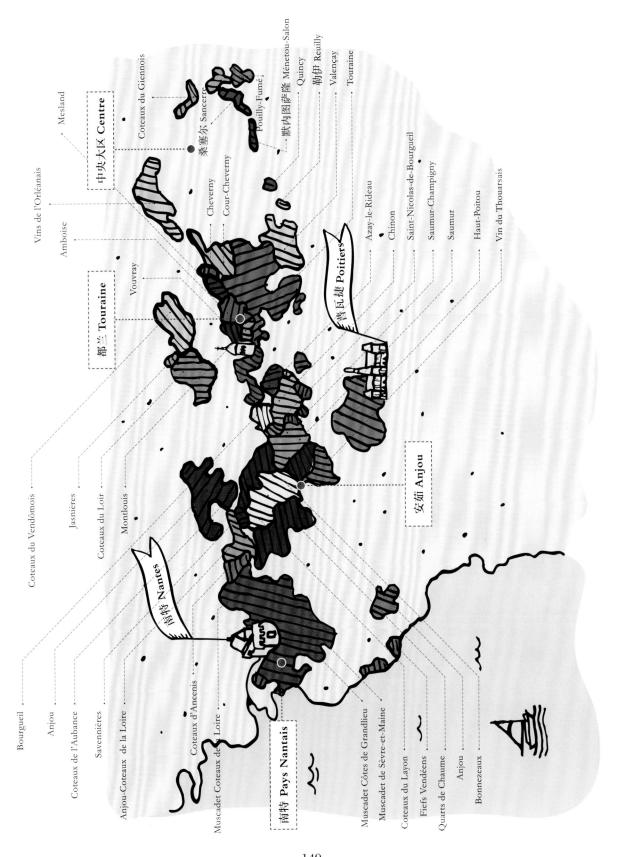

中央大区 Centre

Mesland

Vins de l'Orléanais

Amboise

都兰 Touraine

Coteaux du Giennois

Sancerre 桑塞尔

Pouilly-Fumé

默内图蒙隆 Ménetou-Salon

Quincy

勒伊 Reuilly

Valençay

Touraine

Cheverny

Cour-Cheverny

Azay-le-Rideau

Chinon

Saint-Nicolas-de-Bourgueil

Saumur-Champigny

Saumur

Haut-Poitou

Vin du Thouarsais

普瓦捷 Poitiers

Vouvray

Coteaux du Vendômois

Jasnières

Coteaux du Loir

Montlouis

安茹 Anjou

南特 Nantes

Bourgueil

Anjou

Coteaux de l'Aubance

Savennières

Anjou-Coteaux de la Loire

Coteaux d'Ancenis

Muscadet Coteaux de la Loire

Muscadet Côtes de Grandlieu

Muscadet de Sèvre-et-Maine

Coteaux du Layon

Fiefs Vendéens

Quarts de Chaume

Anjou

Bonnezeaux

南特 Pays Nantais

- 149 -

风土与产区——葡萄酒的身份

罗讷河谷　VALLÉE DU RHÔNE

  红葡萄酒和桃红葡萄酒：约 90%
白葡萄酒：约 10%

产区和品种

罗讷河谷可以分为北罗讷和南罗讷两大产区，其中，北罗纳河一直向南延伸至瓦朗斯［Valence］。北罗讷河谷产区，主要用西拉酿造红葡萄酒，白葡萄酒主要由维奥涅尔葡萄酿造，但有时也用玛珊和胡珊葡萄。在南罗讷河谷产区，葡萄品种的数量明显多了起来：例如，在教皇新堡，有 13 个葡萄品种可以用来酿造红葡萄酒。除了白葡萄酒、桃红葡萄酒和红葡萄酒之外，罗讷河谷还出产天然甜酒，白甜酒［博姆-德沃尼斯］是由麝香葡萄酿造的，红甜酒［拉斯多］是由歌海娜葡萄酿造的。此外，还有一种由麝香和克莱雷特酿造的起泡酒：克莱雷特起泡酒。

味道

罗讷河谷北部的西拉葡萄酿造出的葡萄酒口感强劲，单宁圆润，品质高贵，富含梨子和黑茶藨子的香气。葡萄酒年轻时单宁厚重，口感十分紧涩，但陈放若干年后，单宁逐渐缓和，这便成为近乎完美的好酒。南部的歌海娜酿造出的葡萄酒同样味道强劲，而且程度只增不减，但同时酒体也更加圆润。在南北两大阵营里，有一些大名鼎鼎的葡萄酒产区：北有罗第丘和埃米塔日，南有教皇新堡。

至于白葡萄酒，北罗讷有些白葡萄酒非同寻常：孔得里约和格里叶堡有全球最负盛名的芳香型葡萄酒，维奥涅尔散发出鲜花、奶油和杏的香气。南罗讷的白葡萄酒质量参差不齐。它们能够释放出迷人的蜜蜡、洋甘菊和嫩草的香气。如果日照太强烈，酒的味道就会令人倒胃口。这一点同样

适用于塔维勒的红葡萄酒和桃红葡萄酒，若滑腻适中的话，味道是十分美味可口的。你要小心葡萄酒的度数，在这里，酒精浓度为 15% 的葡萄酒并不罕见！葡萄酒通常以其滑腻感掩盖了酒精和单宁的味道，从而变得非常易饮……当然，也很醉人！

白葡萄品种
维奥涅尔、玛珊、胡珊、克莱雷特、
布布兰克、匹格普勒、白歌海娜、白玉霓

红葡萄品种
西拉、歌海娜、慕合怀特、佳丽酿、
神索、古诺瓦兹［Counoise］、
瓦卡瑞斯［Vaccarèse］

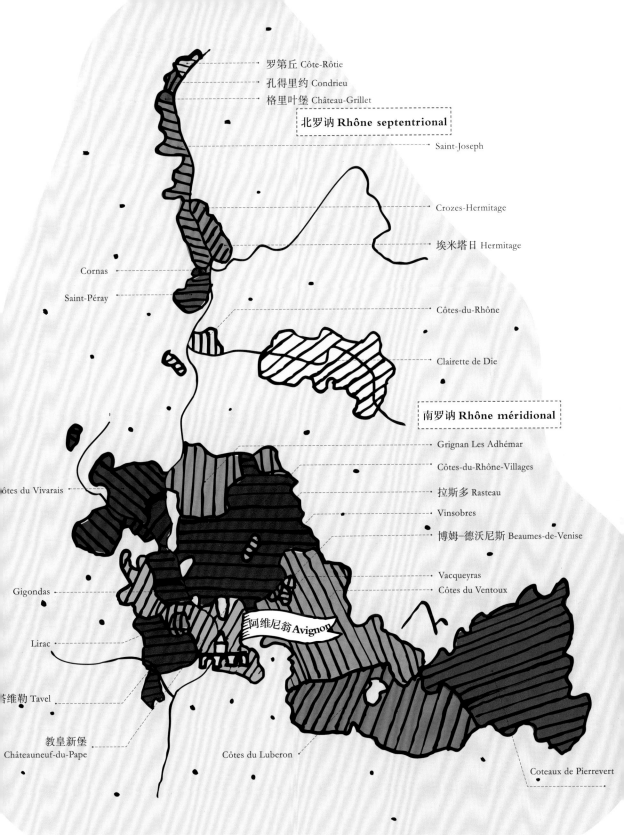

罗第丘 Côte-Rôtie
孔得里约 Condrieu
格里叶堡 Château-Grillet

北罗讷 **Rhône septentrional**

Saint-Joseph

Crozes-Hermitage

埃米塔日 Hermitage

Cornas

Saint-Péray

Côtes-du-Rhône

Clairette de Die

南罗讷 **Rhône méridional**

Grignan Les Adhémar
Côtes-du-Rhône-Villages
拉斯多 Rasteau
Vinsobres
博姆-德沃尼斯 Beaumes-de-Venise

ôtes du Vivarais

Vacqueyras
Côtes du Ventoux

阿维尼翁 Avignon

Gigondas

Lirac

塔维勒 Tavel

教皇新堡
Châteauneuf-du-Pape

Côtes du Luberon

Coteaux de Pierrevert

汝拉

汝拉葡萄酒有着奢华神圣的特点，外加无法模仿的风格。一定要品尝一下著名的汝拉黄酒，当然，它需要经过若干年的氧化熟成，才能够释放出有名的核桃香。但也不要忽略经典的白葡萄酒。这里的白葡萄酒是采用霞多丽独酿或混酿的，既有精致的花香，又有活跃的香料香。汝拉红葡萄酒则带着点野性的韵味。

白葡萄品种

霞多丽、萨瓦涅［Savagnin］

红葡萄品种

普萨［Poulsard］、特卢梭［Trousseau］、黑皮诺

比热

比热的葡萄酒汇集了汝拉、萨瓦、勃艮第三大产区的特点。该地区起泡酒、白葡萄酒、桃红葡萄酒和红葡萄酒皆出产。例如，比热的红葡萄酒是采用梦杜斯［Mondeuse］、黑皮诺、佳美和汝拉的普萨葡萄酿造而成的，既有强劲的口感，又有丰富的内涵。

洛林

洛林产区以图勒［Toul］出产的淡粉葡萄酒而闻名。该地区出产的白葡萄酒与摩泽尔［Moselle］的阿尔萨斯风格颇为相似。

比热
奥弗涅

洛林
汝拉
萨瓦

洛林
Lorraine

奥弗涅
Auvergne

汝拉
Jura

比热
Bugey

萨瓦
Savoie

奥弗涅

奥弗涅有时被归为卢瓦尔河谷产区，这里的葡萄园因出产佳美和黑皮诺葡萄酒而引人注目。圣普尔桑［Saint-Pourçain-sur-Sioule］和奥弗涅丘出产的红葡萄酒酒体清雅，果香丰富。

根据土壤和生产工艺的不同，奥弗涅的有些葡萄酒结构感很强。胡安谷［Côte Roannaise］也出产果香十足的红葡萄酒和桃红葡萄酒。

萨瓦

萨瓦的白葡萄酒酸度很高，尤其以搭配乳酪火锅而著称。但贝尔热龙［Bergeron，胡珊在萨瓦区的别名］葡萄酿造出的葡萄酒非常滑腻，最好搭配鱼类饮用。这里的红葡萄酒带有葡萄浆果、胡椒、腐殖质的原始韵味，一定要将它陈放若干年后再打开饮用。

白葡萄品种
阿尔迪斯［Altesse］、阿里高特、
莎斯拉［Chasselas］、贝尔热龙［胡珊］

红葡萄品种
梦杜斯、佳美、黑皮诺

风土与产区——葡萄酒的身份

德 国

柏林 Berlin

Saxe

Saale-Unstrut

Franconie

Moyenne Rhénanie
莱茵高 Rheingau
Ahr
Moselle-Sarre-Ruwer
Nahe

斯图加特 Stuttgart

Bergstrasse de Hesse
普法尔茨 Palatinat
莱茵黑森 Hesse rhénane

Wurtemberg

Pays de Bade

白葡萄品种
雷司令、米勒–图高
［Müller-Thurgau］、
西万尼、灰皮诺……

红葡萄品种
黑皮诺、丹菲特
［Dornfelder］、葡萄牙人
［Portugieser］、特罗灵格
［Trollinger］……

德国葡萄酒

德国的葡萄酒出产于 13 个葡萄种植区，这 13 个种植区全部位于德国南部，因为那里的气候更加宜人。顶级德国白葡萄酒是世界上最好的葡萄酒之一，寿命可达数十年之久，这一点并不为大多葡萄酒爱好者所熟知。德国白葡萄酒表现出很高的酸度，但微甜的味道正好平衡了酸度。为了避免上当受骗，放弃那些不太熟悉、不太知名的葡萄品种酿的酒，建议你选择雷司令，这种葡萄对种植要求很高，需要种植者精心的呵护。它会因风土的不同而呈现出不同的特点：最好的雷司令生长在莱茵高的摩泽尔河两岸、莱茵

黑森和普法尔茨。德国也出产口感活跃、富含果香的红葡萄酒。

含糖量

德国葡萄酒通常较甜。我们在酒标上就可以看到这样的分类，按照甜度可分为：卡比纳葡萄酒［Kabinett，一般成熟度的较轻淡的酒］、迟摘葡萄酒［Spätlese］、精选葡萄酒［Auslese］、逐粒精选葡萄酒［Beerenauslese］、贵腐精选葡萄酒［Trockenbeerenauslese］、冰酒［Eiswein］。

瑞 士

产区

瑞士处于法国、意大利、德国三大葡萄种植国的交汇处，瑞士葡萄酒与邻国所产的葡萄酒颇为相似。瑞士 3/4 的葡萄园在法语区，其余的葡萄园几乎均在德语区。地处瑞士最南端的意大利语区提契诺州致力于酿造梅洛葡萄酒。瓦莱州是个有待探索的迷人之地，因为那里遍布着其他地区没有的葡萄品种。

品种

瑞士是唯一一个将莎斯拉发扬光大的国家，它是一个香气不足的葡萄品种［在瓦莱州被称为 Fendant］。在瑞士，莎斯拉成为了一种"具有杀伤力"的白葡萄酒，年轻时的它带有少量气泡，散发出青苹果和蕨类植物的香气。在出色的酿酒师手中，莎斯拉能显现纯正的口感。莎斯拉约占据全瑞士葡萄品种的 75%。红葡萄酒则以佳美、佳玛蕾［Gamaret］或黑佳拉［Garanoir］酿造，带有果酱或野生植物的气味，口感清雅。

白葡萄品种

莎斯拉、米勒-图高、
小奥铭［Petite Arvine］、艾米尼［Amigne］

红葡萄品种

黑皮诺、佳美、梅洛、
于马涅［Umagne］、科娜琳［Cornalin］

低出口量

瑞士葡萄酒一般价格昂贵，而且几乎全部在本地消费，这也是其他国家鲜有瑞士葡萄酒的原因。

意大利

意大利的葡萄园和法国葡萄酒一样丰富、复杂、动人心弦，会为葡萄酒爱好者带来新的惊喜。上世纪80年代，意大利出产的葡萄酒给人留下华丽而不昂贵的印象。但从那以后，意大利葡萄酒重获贵族头衔。这里有各种美酒，绝佳的起泡酒、美妙的红葡萄酒，果香浓郁的、口感强劲的、细腻的、醇厚的、诱人的……可以满足各种味蕾的喜好。

风土的多样性

如此多样的风格首先得益于多样的气候：山坡上的葡萄园受到山区和海洋两种气候的影响，生长在北方的石灰质土壤和南方的火山质土壤里。数百个本土品种使得意大利葡萄酒阵容庞大：意大利拥有超过1000个葡萄品种，其中400个都可以用来酿酒！这样看来，意大利拥有足够多样的风土条件，完全没有必要对法国怀有羡慕之情。还有那些错综复杂的产区，甚至连意大利人自己都搞不明白……于是，生产者的名字往往在酒标上占据主要位置。

大区

意大利几乎在全国每个地方都有葡萄种植地。此外，意大利和法国每年都在争夺世界上最大葡萄酒生产国和出口国的头衔。

西北

伦巴第、瓦莱达奥斯塔，特别是皮埃蒙特，是意大利最令人仰慕的红葡萄酒产区。由高单宁的内比奥罗［Nebbiolo］葡萄酿造的巴罗洛［Barolo］和巴巴莱斯科［Barbaresco］，是世界名酒。这两种葡萄酒含有丰富的单宁，散发出异乎寻常的香气［皮革、烟草、焦油、李子干、玫瑰］，当然价格也不菲。如果不喜欢浓厚的单宁味，可以选择酒龄在15年以上的年份酒。与内比奥罗相比，巴贝拉［Barbera］葡萄虽然没有那么得宠，但其种植面积广泛，单宁更低，酸度更高；而多姿桃［Dolcetto］酿造的葡萄酒果香浓郁，甜中带苦。

东北

意大利东北部由威尼斯、弗留利、特伦蒂诺组成，这里出产的白葡萄酒轻盈优雅，有的已经近乎消失，它是开胃酒或搭配清淡菜品的理想选择。著名的普西哥［Prosecco］葡萄酒和香槟酒一样活泼清爽。至于红葡萄酒，知名的瓦尔波利切拉［Valpolicella］十分清雅。

中部

托斯卡纳是意大利第一大葡萄产区。该产区的皇家品种是桑娇维塞［Sangiovese］，可以酿造出经典的基安帝［Chianti］葡萄酒，而且酒的品质仍在不断提升。基安帝是番茄类菜品的最佳伴侣，但葡萄酒爱好者更喜欢用 brunello di montalcino 和 vino nobile di montepulciano 来搭配，前者可以散发出和基安帝同样的果香，但其结构更加严谨。在中部地区，还有一种被称为"超级托斯卡纳"［Super Toscans］的葡萄酒，由波尔多葡萄［梅洛和赤霞珠］和意大利葡萄混酿而成，价格极其昂贵。

南部

意大利南部是个拥有"奇珍异宝"的地区。因为这里的葡萄酒价格普遍不高，有些葡萄品种仅在意大利可见，它们酿造出的葡萄酒表现出少有的个性：胡椒味的 Primitivo、杏仁味的 Aglianico，还有 Negroamaro、Nero d'avola……这些葡萄酒品质极高。白葡萄酒方面，不要忘了干中带甜、魅力十足的 Marsala。

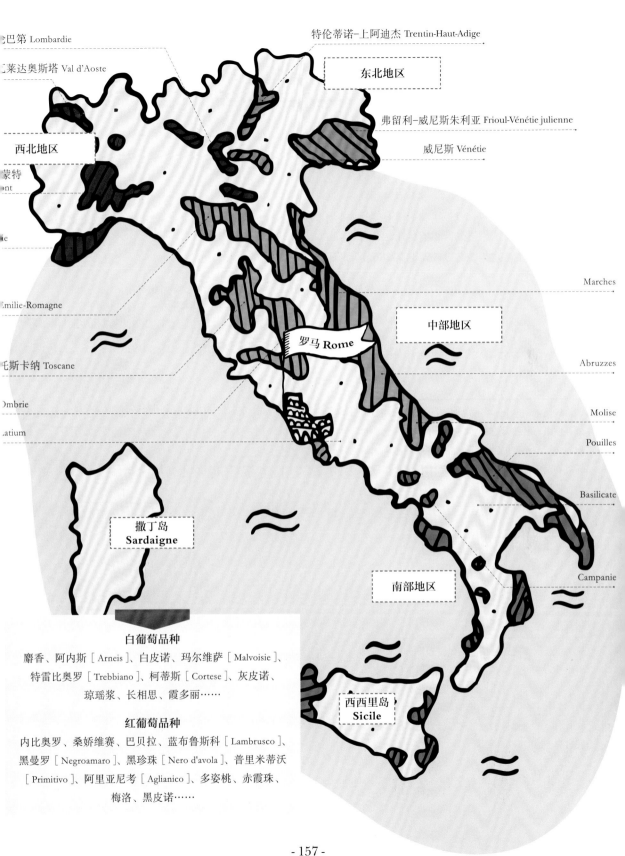

伦巴第 Lombardie

特伦蒂诺-上阿迪杰 Trentin-Haut-Adige

瓦莱达奥斯塔 Val d'Aoste

东北地区

弗留利-威尼斯朱利亚 Frioul-Vénétie julienne

西北地区

威尼斯 Vénétie

蒙特...
...nt

Marches

...milie-Romagne

中部地区

...es

罗马 Rome

...斯卡纳 Toscane

Abruzzes

...ombrie

Molise

...atium

Pouilles

撒丁岛
Sardaigne

Basilicate

南部地区

Campanie

白葡萄品种

麝香、阿内斯［Arneis］、白皮诺、玛尔维萨［Malvoisie］、
特雷比奥罗［Trebbiano］、柯蒂斯［Cortese］、灰皮诺、
琼瑶浆、长相思、霞多丽……

红葡萄品种

内比奥罗、桑娇维赛、巴贝拉、蓝布鲁斯科［Lambrusco］、
黑曼罗［Negroamaro］、黑珍珠［Nero d'avola］、普里米蒂沃
［Primitivo］、阿里亚尼考［Aglianico］、多姿桃、赤霞珠、
梅洛、黑皮诺……

西西里岛
Sicile

西班牙

西班牙是世界第三大葡萄酒生产国和出口国
［2012年］。西班牙的葡萄酒业擅长生产各种
风格的葡萄酒，从最易饮的到最紧实的，从
最简单的到最动人的。西班牙的葡萄酒通常
口感圆润，带有水果气息，亲切友好，充满
活力，品尝了西班牙葡萄酒后人也会变得快
活起来。

东北部

佩内德斯

该地区出产圆润强劲的白葡萄酒和醇厚的红葡萄
酒，但更有名的是它的特色产品：卡瓦。这种起
泡酒在价格不变的前提下酿造工艺反而越来越精
细。和它的法国兄弟香槟一样，卡瓦适合在节庆
场合饮用，是开胃饮料和搭配清淡菜肴的佳品。

普里奥拉托

偏爱强劲葡萄酒的人们对普里奥拉托产区宠爱有
加。这里几乎只生产浓烈的红葡萄酒，这种酒成
熟、强烈，窖藏时间久，名声大噪，身价不菲。

纳瓦拉

长久以来，纳瓦拉葡萄酒的风格和里奥哈的葡萄
酒很接近：果香幽雅，入口丝滑。但纳瓦拉更加
多样化：这里既有西班牙本土的各种品种，还有
国际葡萄品种。这里出产的葡萄酒风格也迥异，
既有清脆的白葡萄酒，也有在橡木桶中陈年的红
葡萄酒。这些酒入口圆润，爽口易饮。

里奥哈 Rioja

杜罗河
Ribera Del Duero

Rias Baixas

托罗 Toro

鲁埃达 Rueda

马德里 Madrid

拉曼查 La Mancha

Montilla-Moriles

赫雷斯 Jerez

纳瓦拉 Navarre

Somontano

佩内德斯 Penedès
普里奥拉托 Priorat

Valence

Jumilla

北部和西北部

里奥哈

里奥哈的传统红葡萄酒非常有名，入口圆润丝滑，带有香草香和果香。有些酒庄，也出产清雅或醇厚的葡萄酒。这里也有一些白葡萄酒，一般酒体强劲，带有糖衣杏仁的香气。

杜罗河

杜罗河的葡萄酒是全西班牙最珍贵的，其结构感十足，深邃迷人，价格也贵的惊人。

托罗

与杜罗河相比，托罗的葡萄酒复杂感偏弱，口感更强劲，但价格更便宜，是不错的选择。

鲁埃达

这里有绝妙的白葡萄酒，入口清爽，口感微酸，带有嫩草香，采用弗德乔［Verdejo］葡萄酿造而成。

中部和南部

拉曼查

这里的葡萄酒简单大方，富含果香，颜色各异，与巴尔德佩尼亚斯［Valdepeñas］的葡萄酒很相像。而曼确拉［Manchuela］葡萄酒的酒体更加复杂，价格更高。

赫雷斯

这里出产非同寻常的雪利酒。与传统的中途抑制发酵的葡萄酒不同，最具迷惑力的雪利酒是干型的，而且价格适中。

白葡萄品种

弗德乔、阿尔巴利诺［Albriño］、长相思、麝香、帕雷亚达［Parellada］、马卡贝奥［Macabeo］、霞多丽、玛尔维萨……

红葡萄品种

歌海娜、丹魄［Tempranillo］、佳丽酿、慕合怀特、赤霞珠……

风土与产区——葡萄酒的身份

葡萄牙

波特酒和马德拉

葡萄牙以出产全球上好的中途抑制发酵甜酒——波特酒而著称，波特酒具有数十年的陈年潜质，而且越陈越香。葡萄牙也出产马德拉酒，它比波特酒更干，带有烟熏味。这两种享誉全球的葡萄酒几乎使人们忘记了葡萄牙也能够酿造其他优质的红葡萄酒和白葡萄酒。

其他葡萄酒

葡萄牙绿酒实际上是一种非常年轻的白葡萄酒，它的口感微微酸涩，夏季饮用清爽解渴，物美价廉。除波特酒外，多鲁河畔也出产其他红葡萄酒，这里的酒富含果香和香料香。你应该尝一尝由本土多瑞加［Touriga］葡萄酿造的葡萄酒。本土多瑞加是酿制波特酒最受推崇的葡萄品种，带有松脂、桑葚和松树的香气。葡萄牙南部的阿连特茹产区酿造的葡萄酒口感柔和，果香浓郁，数年来以品质闻名。

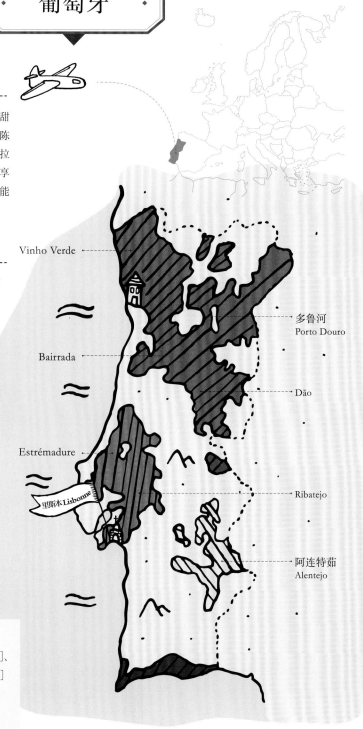

Vinho Verde

多鲁河
Porto Douro

Bairrada

Dão

Estrémadure

里斯本Lisbonne

Ribatejo

阿连特茹
Alentejo

白葡萄品种

洛雷罗［Loureiro］、塔佳迪拉［Trajadura］、阿瑞图［Arinto］、玛尔维萨［Malvoisie］

红葡萄品种

多瑞加、Tinta Pinheira、Tinta Roriz、Vinhão

希 腊

希腊的葡萄种植业曾经历过一段非常动荡的时期。尽管希腊葡萄酒在中世纪的大西洋地区深受好评，但自15世纪开始至19世纪希腊独立战争之后，希腊的葡萄园一度濒临破产。近数十年来，希腊将赌注押在本土的300个葡萄品种上，希望以其品种的典型性而声名鹊起。从那以后，希腊为我们呈现出源自火山质土壤、带有纯正矿物香的白葡萄酒，萨摩斯岛著名的麝香甜酒，伯罗奔尼撒高山上醇厚、久藏的红葡萄酒，以及马其顿上好的红葡萄酒和桃红葡萄酒。但金融危机也使这个国家遭受到巨大打击，葡萄酒的购买力急剧下降，这也间接波及到葡萄种植业。希望希腊的葡萄种植业还会恢复往日的辉煌。

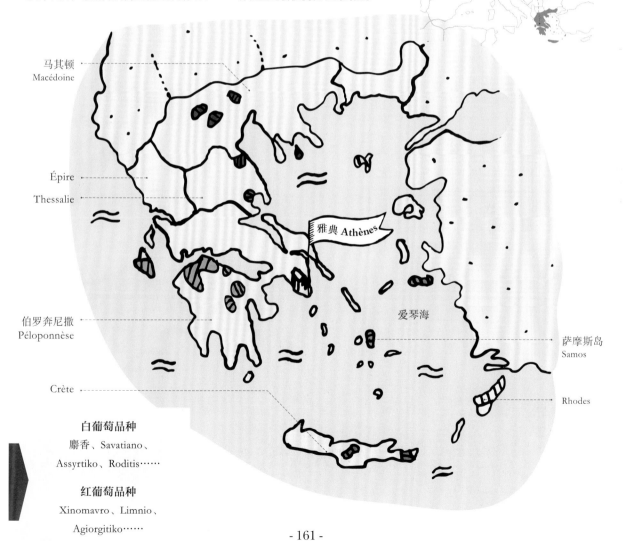

马其顿
Macédoine

Épire

Thessalie

雅典 Athènes

爱琴海

伯罗奔尼撒
Péloponnèse

萨摩斯岛
Samos

Crète

Rhodes

白葡萄品种
麝香、Savatiano、
Assyrtiko、Roditis……

红葡萄品种
Xinomavro、Limnio、
Agiorgitiko……

风土与产区——葡萄酒的身份

巴尔干半岛

保加利亚、斯洛文尼亚、塞尔维亚、罗马尼亚……这些古老的葡萄产区可能会在未来的几年创造奇迹。在巴尔干半岛，葡萄酒有着古老的传统。近 15 年来，新兴的酒庄重整旗鼓，重新恢复了葡萄酒产区的活力，用新的眼光去发现已被遗忘的葡萄品种。

例如，塞尔维亚的一位前首相最近摇身一变，成了一名酿酒师！但愿在年轻酿酒师的帮助下，他能够对这个个性突出、潜力巨大的产区起到助推的作用。19 世纪繁荣一时的塞尔维亚葡萄酒产业如今即将寿终正寝。马其顿则还致力于生产优质的红葡萄酒。在欧盟的帮助下，摩尔多瓦开始引进现代化的葡萄种植设备。斯洛伐克生产的白葡萄酒在国际品酒会上的知名度愈发高涨。而匈牙利的托卡伊甜酒可以陈年一个世纪之久，并带有蜂蜜的气味，余味悠长，得到全世界的赞誉。匈牙利生产的干白葡萄酒和甜白葡萄酒同样口感宜人。再远一些，地中海东部的塞浦路斯小岛一向对自己的葡萄园呵护有加，那里的葡萄酒口碑极佳，享誉全球。塞浦路斯尤其以卡曼达蕾雅酒〔Commandaria〕而闻名于世，这是一种采用麝香葡萄酿造的甜酒，但该地区也出产"热情似火"的红葡萄酒。

一些名酒
匈牙利托卡伊、
卡曼达蕾雅酒

克罗地亚
Croatie

波斯尼亚和黑塞
Bosnie- Herzégo

黑山
Montenegro

摩尔多瓦
Moldavie

匈牙利
Hongrie

罗马尼亚
Roumanie

塞尔维亚
Serbie

科索沃
Kosovo

保加利亚
Bulgarie

马其顿
Macédoine

风土与产区——葡萄酒的身份

美 国

美国是"新世界葡萄酒"的摇篮。这里的葡萄酒风格有别于欧洲：红葡萄酒的甜度更高，白葡萄酒的木香和奶香更浓郁，各种葡萄酒的果香都很突出。我们称这些葡萄酒为"现代的"，这个词在法国的葡萄园也越来越常用，这足以证明美国给世界葡萄酒业带来的影响。然而，有批评者指出，美国葡萄酒表现出的诱惑力过于强烈，这样的葡萄酒是为蛊惑消费者而打造的，既没有个性又没有复杂感。这话不无道理，但美国葡萄酒的优势就在于，它几乎能在瞬间捕获你的味蕾。如今，加州最顶级的葡萄酒的售价堪比波尔多顶级酒庄的葡萄酒。而且它们不乏买主！因为酒的品质毋庸置疑。

加利福尼亚州

加利福尼亚州是美国第一大葡萄产区，无论是在产量上，还是在品质上。加州沿线几乎长满了葡萄树，这里的气候非常适合酿造口感圆润、果香飘逸的葡萄酒。加州最著名的产区显然是纳帕谷。这里的葡萄酒价格不菲，每年都有大批游客造访于此：它可是葡萄酒旅游专线啊！

不管怎样，赤霞珠和梅洛永远是经典中的经典。一定要留意由当地品种仙粉黛 [Zinfandel] 酿造的葡萄酒，口感极其丰富饱满。旧金山北部附近的索诺玛谷生产的红葡萄酒和白葡萄酒口感更加丝滑。沿海岸线往南直至洛杉矶的这片地带，葡萄园分布于蒙特雷、圣路易斯-奥比斯保和圣巴巴拉三个产区：这里的葡萄酒外形和价格更低调，但口感依旧宜人。

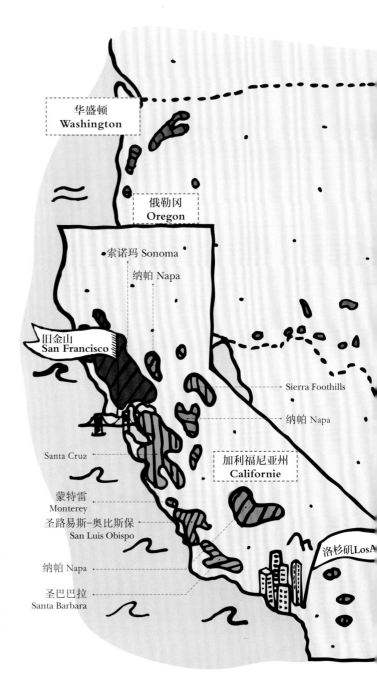

华盛顿
Washington

俄勒冈
Oregon

索诺玛 Sonoma

纳帕 Napa

旧金山
San Francisco

Sierra Foothills

纳帕 Napa

Santa Cruz

加利福尼亚州
Californie

蒙特雷
Monterey

圣路易斯-奥比斯保
San Luis Obispo

洛杉矶 LosA

纳帕 Napa

圣巴巴拉
Santa Barbara

纽约 New-York

纽约州
État de New-York

白葡萄品种
霞多丽、长相思、雷司令

红葡萄品种
梅洛、赤霞珠、西拉、歌海娜、
仙粉黛、黑皮诺、巴贝拉

俄勒冈和华盛顿

加州以北的葡萄酒更清爽。与勃艮第相比，这里的黑皮诺犹如精美的珍宝，甜味略浓，带有草莓的香气。注意，俄勒冈的葡萄酒从不量产，而且价格相当昂贵。再往北，到达西雅图附近的华盛顿州，也是哥伦比亚谷最大的葡萄酒产区。华盛顿是美国第二大葡萄产区。哥伦比亚谷与俄勒冈相比略逊一筹，但这里的葡萄酒物美价廉，有雷司令、赛美蓉、长相思、霞多丽、赤霞珠，还有梅洛。

美国中西部

俄亥俄、密苏里和密歇根也生产葡萄酒！由于气候的原因，这里的葡萄酒大多不适合久存，而且酸度不足。多亏有了国际葡萄品种，年轻易饮的葡萄酒在这里几乎随处可见。至于得克萨斯州，这里的葡萄种植业流传着一句口号："葡萄酒，得克萨斯的下一件大事！"

美国东岸

令人难以置信的是，纽约州也出产葡萄酒，而且产量仅次于华盛顿州。纽约大概有150家葡萄酒生产商和1000家葡萄汁生产者。实际上，这些葡萄很难完全成熟，需要经常为其添加糖分。在纽约，只有雷司令和霞多丽广受赞誉。

风土与产区——葡萄酒的身份

智利

智利葡萄酒的性价比很高。甚至连入门级的葡萄酒都能够给人带来瞬间的愉悦感，这些葡萄酒温暖明媚，充满香料味，毫无厚重感。智利可能会成为葡萄种植业的明日之星。可以说，这个国家拥有完美的气候条件：日照充足，天气炎热，但白天清凉的海风和夜晚安第斯山脉凉爽的微风使得这里空气凉爽干燥。山上的泉水在流入太平洋的途中灌溉了葡萄园。

品种

这里的葡萄品种符合国际标准：赤霞珠、梅洛、霞多丽，还有大名鼎鼎的佳美娜［Carmenere］。一度濒临消失的佳美娜竟奇迹般地在这里复活，并成为特级产区中的优质品种。

产区

圣地亚哥南部的中央谷地是智利最主要的葡萄酒产区，但周围的很多亚产区也在出产风格各异的葡萄酒。

白葡萄品种
霞多丽、长相思、赛美蓉、Torontel

红葡萄品种
梅洛、赤霞珠、黑皮诺、马尔贝克、西拉、佳美娜

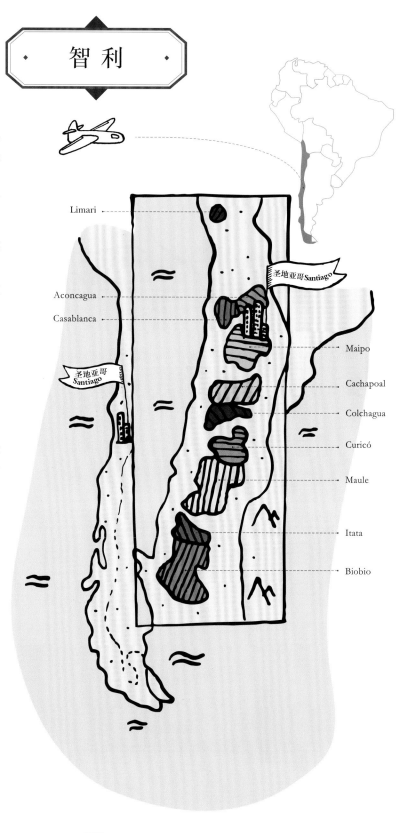

Limari

圣地亚哥Santiago

Aconcagua

Casablanca

圣地亚哥Santiago

Maipo

Cachapoal

Colchagua

Curicó

Maule

Itata

Biobio

阿根廷

与智利不同，在安第斯山脉背后的阿根廷葡萄产区却没能享受到清凉的海风。但山谷地区风土宜人，可以提供理想的海拔高度和日照时间。与智利相比，阿根廷葡萄酒一般拥有更高的丰富性和结构感。

品种

马尔贝克是阿根廷最受欢迎，也是最著名的葡萄品种，通常用来酿造强劲成熟的葡萄酒。但这里也生长着伯纳达［Bonarda］、梅洛、赤霞珠、西拉等品种，它们需要充足的阳光照射。这里的白葡萄酒反而没有那么活泼，除了某些香气浓郁的托隆特斯［Torrontés］。

产区

门多萨是阿根廷最主要的产酒大省，位于阿根廷中部。巴塔哥尼亚［Patagonie］的葡萄酒产量也很大，尤其是内格罗河省。

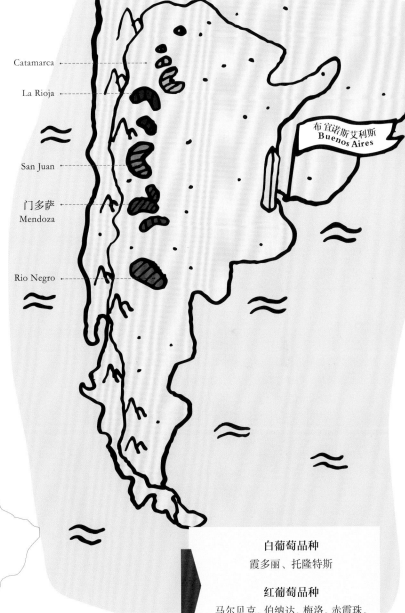

Catamarca

La Rioja

San Juan

门多萨
Mendoza

Rio Negro

布宜诺斯艾利斯
Buenos Aires

白葡萄品种
霞多丽、托隆特斯

红葡萄品种
马尔贝克、伯纳达、梅洛、赤霞珠、西拉、丹魄、桑娇维塞、巴贝拉

风土与产区——葡萄酒的身份

澳大利亚和新西兰

受地理因素所限的葡萄酒生产

澳大利亚葡萄酒的发展要归功于机械和人力劳作的结合，是辛勤的劳动克服了气候的障碍，酿造出了顶级葡萄酒。澳大利亚的葡萄种植和酿酒历史始于 18 世纪，人们很少用风土、土壤，或者某个地块的典型性来描述这里的葡萄园。澳大利亚的葡萄园采用集中灌溉和树冠管理，使用冷藏卡车运输采收的葡萄，并进行低温发酵，这样的葡萄种植与酿酒技术赢得了大众的尊重与理解。事实证明，为了征服自然而付出的巨大努力并不是徒劳：澳大利亚酿造的葡萄酒风格张扬，却不失品质。这足以证明澳大利亚葡萄园的声望及其为世界葡萄酒产业所带来的影响。

葡萄产区

澳大利亚的葡萄树在最温暖的地区生长茂盛：澳大利亚东南角和西南角。但即使是生长在最凉爽地区，葡萄酒依然呈现出一如既往的成熟，甚至是相当成熟。与其挖空心思消除这一特点，生产者不如将其变为一种优势。如今，酒体丰满、颜色深邃的西拉子［Shiraz］享誉全球。澳大利亚没有本土葡萄品种，它种植所有国际标准品种，但西拉，这里叫作"西拉子"，依然是澳洲最顶级的葡萄酒。澳大利亚葡萄园也面临令人忧虑的问题：近年来，横行肆虐的干旱给葡萄园带来严重威胁。

新西兰葡萄酒

新西兰首先以绝妙的长相思而闻名于葡萄酒界。它能够将这个葡萄品种转变成一种明快活泼、芳香四溢的白葡萄酒，伴有青柠、热带水果和香蕉的香气。霍克湾和马尔堡［新西兰首个葡萄产区］的长相思尤为出色。一般来说，白葡萄酒占新西兰总产量的 2/3：霞多丽、雷司令、琼瑶浆都可以酿造出醇香美酒。新西兰的另一颗璀璨的珍珠是黑皮诺。它喜欢凉爽的气候，适合在南岛和惠灵顿产区生长。用黑皮诺酿造出的葡萄酒口感非常优雅，类似于勃艮第葡萄酒的风格。气候炎热的霍克湾是赤霞珠和梅洛的天下。

白葡萄品种
霞多丽、长相思、赛美蓉、
雷司令、麝香、白诗南

红葡萄品种
西拉子［西拉］、赤霞珠、黑皮诺

葡萄酒生活提案

北部地区

昆士兰州
Queensland

西澳大利亚州
Western Australia

南澳大利亚州
South Australia

悉尼 Sydney

新南威尔士
New South Wales

维多利亚
Victoria

Northland

Auckland

Gisborne

霍克湾 Hawke's Bay

惠灵顿 Wellington

Canterbury

Otago

马尔堡
Marlborough

Nelson

风土与产区——葡萄酒的身份

南 非

南非葡萄酒的历史

南非的葡萄酒产业具有悠久的历史：Klein
Constantia 酒庄的甜酒曾是拿破仑被流放
时的最爱。但今天我们所看到的葡萄园已
经发生了巨大的改变。它的诞生可以追溯
到南非种族隔离末期［1991 年］以及南非
与其他国家恢复贸易往来的时期。

品种

从那以后，南非开始生产风格迥异、品质
多样的葡萄酒。霞多丽酿造的白葡萄酒和
赤霞珠酿造的红葡萄酒保持着一如既往的
经典风格。西拉和梅洛也是这里常见的葡
萄品种。但南非红葡萄酒的典型特点在一
个本地葡萄品种中得以再现：原始的皮诺
塔吉［Pinotage］，它带有果香和野禽的气息。
白葡萄酒方面，白诗南总能创造惊喜。这
是一个在卢瓦尔河谷以外很少种植的葡萄
品种，但在这里却可以酿造出优雅迷人的
干型葡萄酒和甜型葡萄酒。

产区

很多葡萄园都是由年轻的酒农进行管理的，
他们十分强调"风土"的概念，尤其在黑
地产区，年轻人干劲十足。南非的好酒往
往来自开普敦附近的产区，因为那些地方
拥有凉爽宜人的海洋性气候。其中，帕尔
和斯泰伦博斯是最发展最快的葡萄产区。

Olifants River

Piketberg

黑地
Swartland

Tulbagh

帕尔
Paarl

Durbanville

斯泰伦博斯
Stellenbosch

Constância

Robertson

Overberg

开普敦 Le Cap

白葡萄品种
霞多丽、长相思、赛美蓉、
雷司令、麝香、白诗南

红葡萄品种
赤霞珠、梅洛、黑皮诺、
西拉、皮诺塔吉、仙粉黛

Worcester

Klein Karoo

Swellendam

Walker Bay

葡萄种植业现在遍及世界各地，有些国家有历史悠久的葡萄园，也有一些国家刚刚崭露头角。世界葡萄酒地图可能会在未来 30 年发生巨大变化。随着葡萄种植和酿酒技术的改善，越来越多的新葡萄产区出现在一些此前无法想象的地方。对此，传统葡萄酒生产国不得不用另一种眼光来审视自己的葡萄园，并更加注重通过提高葡萄酒品质来提高竞争力。

▼

英国：全球气候变暖是否意味着我们需要更加专注地工作或者使用尖端技术呢？一直以来，英国的葡萄栽培技术在不断完善，酿造的葡萄酒口感也愈发纯正。目前为止，白垩土孕育出的起泡酒是英国最有潜力的产品。

▼

近东：黎巴嫩葡萄酒的国际声誉正在不断攀升。该国的葡萄酒传统可以追溯至 3000 年以前的腓尼基人时代。为祭奠酒神巴克斯，罗马人又在贝卡谷地的平原上建造了一座寺庙。如今，那里已成为葡萄酒产业的聚集地。Ksara、Kefraya 和 Musar 等酒庄出产的红葡萄酒无与伦比，带有香料和巧克力的香气，白葡萄酒香气浓郁，风味强烈。在这些顶级酒庄的带动下，近 20 年来，40 多个酒庄如雨后春笋般地涌现出来，展现出葡萄酒业强大的生命力。如 Wardy 酿造的葡萄酒品质就十分优秀。

▼ ▼ ▼

人们常常忘记了黎巴嫩的周边国家也生产葡萄酒：**以色列、叙利亚、**甚至还有**阿富汗**。但愿战火不会让它们一蹶不振。在**埃及**，有些葡萄酒非常出色，比如尼罗河花园的葡萄酒。

▼ ▼ ▼

摩洛哥、阿尔及利亚、突尼斯三国的葡萄酒传统根深蒂固。尤其是摩洛哥生产的桃红葡萄酒和散发着香料香的红葡萄酒，是美食盛宴上的搭配佳品。

在**中国**，葡萄酒的生产和消费正以惊人的速度增长。中国市场上的葡萄酒有 80% 都是本土酿造的，但很多酒商还是将目光投向国外市场。中国的葡萄种植面积非常庞大，尤其是中国北部，其纬度也与地中海附近产区相近。法国人对这些新兴的葡萄产区进行了大量投资：保乐力加［Pernod Ricard］、酩悦·轩尼诗-路易·威登［LVMH］集团、罗斯柴尔德集团等酒业巨头也纷纷加入到投资者的行列。

日本的葡萄酒业保持着有限的产量和稳定的品质。

印度是葡萄酒界的新人，未来可能会在葡萄酒业中占据重要的位置。印度属热带气候，虽然没有得天独厚的先天优势，但它却表现出满腔热忱，大力推广现代种植和酿酒技术，葡萄酒产量也迅速增长。

如今，印度 50 多个葡萄园分布在三大葡萄产区：Maharashtra 的 Nashik 和 Sangli，以及 Karnataka 的 Bangalore。富有的酒庄主人不惜重金聘请全球一流的葡萄酒工艺专家来酿酒，保证了酒的品质。

风土与产区——葡萄酒的身份

保罗是个乐天派，大家都愿意请他到家里来做客。因为他总是一跨进门槛就大声宣布："我带来了一瓶酒！跟我讲讲你们对这瓶酒的感受吧！"于是，大家就明白，他们又可以享受一顿丰盛的酒菜了。

保罗的朋友们也喜欢去他家做客。他们期待那个美妙的时刻——保罗的眼角会闪现出一道微光，并向他们喊道："走，跟我去酒窖，我们去选葡萄酒。"这已然成为开饭前例行的让人喜悦的时光。

但保罗也不是一贯如此。他的朋友回忆，有时候保罗会把劣酒当成好酒带来，令人不可思议。这其实是他"盲目"买酒的结果。一瓶普通的波尔多葡萄酒，在小超市里售卖时，包装很精美，酒标上还注明着"顶级葡萄酒"的字样……渐渐地，保罗开始将目光驻足在葡萄酒专卖店，他认识了一个待人和善的老板，可以为他提供专业的建议，了解他的需求，最终他们也成了好朋友。有一天，保罗去参加一个葡萄酒沙龙，在那里结识了很多热爱葡萄酒的朋友，最后满载而归。

从那以后，保罗再也不愿意在下班后随便买一瓶葡萄酒了。他决定重新修整自己的酒窖，储备一些葡萄酒，以备不时之需。他还开始从沙龙上结识的酒农那里订购葡萄酒。

慢慢地，几年过去了，保罗窖藏的葡萄酒数量可观、种类繁多、五花八门，既有适合陈放的酒，又有不宜久存的酒。如今，保罗以此为荣……但他同时也在担心自己是否能把这些酒全部喝完。没关系，还有那些朋友可以帮他喝呢！

本章献给所有和保罗一样，希望在对的时间拥有对的葡萄酒的朋友们。

购买与储存
开启葡萄酒生活

餐厅点酒·读懂酒标

购买葡萄酒·建造酒窖

餐厅点酒

酒单

在餐厅选酒通常是一件伤脑筋的事情。轻描淡写的酒单令人毫无兴趣，浓墨重彩的酒单又像一本字典，让人不敢触碰。到底该怎么办呢？

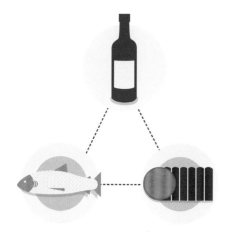

第一原则：对你的选择抱有信心。毕竟，即使葡萄酒难喝，也不是你的错，而是餐馆老板的错。

第二原则：尽量选择一款适合所有菜品的葡萄酒。如果有鱼，就不要点高单宁的红葡萄酒；如果有红肉类的菜，就不要点过于活跃的白葡萄酒。如果菜品种类不一，你可以点一瓶清雅的红葡萄酒或者强劲的白葡萄酒，因为这样的葡萄酒几乎百搭。

第三原则：在价格差不多的情况下，优先选择小产区的酒。或宁愿选择贵一点的小产区的酒，也不要廉价的知名产区的酒。

个性酒单

对于新手来说，传统的酒单，即使很全面，也会令人不知所措。因此，那些新潮、时尚的餐厅经营拼的是创意，目的是让你轻轻松松地完成点菜任务。以下是来自法国、美国、南非的餐厅中的三份个性酒单：

▶ **评论型酒单：**用一句形象而独特的语言来概括每一款葡萄酒的特点："它就像一个财大气粗的秃头男人"，"一个温柔、性感、天真的灰姑娘"。这样的酒单生动而形象。

▶ **平板电脑酒单：**点击任意一款葡萄酒，就会弹出一个信息页面：为你介绍此款葡萄酒的产区、葡萄品种等信息。这样的酒单操作便捷、全面。

▶ **按风格分类酒单：**首先选择一种葡萄酒风格：直爽强劲、圆润丝滑、果香清雅……然后选择地区和产区。这样的酒单简单易懂。

酒 单

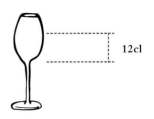

12cl

杯装酒 ［12cl］

白葡萄酒
Loire, Sancesse, « Floris » Domaine V. Pinard   4.10 €

红葡萄酒
Vin de Pays du Cantal IGP Gamay- Gilles Monier 2011   6.10 €

瓶装酒

勃艮第和博若莱 ❶
Marsannay « le Clos » - R. Bouvier 2010   47 €

Bourgogne Nerthus Domaine Roblet Monnot 2011   39 €

Chablis, 1er Cru les Vaillons – J. Drouhin 2011   38 €

❷   ❸ ❹   ❺

罗讷河谷
St Joseph « Silice » - P. et J. Coursodon 2012   46 €

卢瓦尔河谷
Vouvray « Le Portail » - D & C. Champalou 2010   43 €

Quincy Domaine Trottereau 2012   30.50 €

意大利
Toscane « Insoglio » - Campo di Sasso 2011   32 €

杯装葡萄酒

酒单上至少应该提供一种杯装酒。杯装酒通常比较简单但却不容忽视，因为它代表着老板的眼光。如果酒单上只标示出葡萄酒的地区，那你就要多问个为什么了。如果酒单上有很多种杯装酒呢？那么你就要问一问这些酒是如何保存的。如果没有放在特殊的容器里保存，或者没有使用木塞保持瓶子内部的真空状态，那么几天过后，酒的品质就会被破坏。

酒单上一定要有：

❶ 地区
❷ 产区
❸ 酒庄、生产者或酒商的名称
❹ 年份
❺ 价格

酒单上可能还有：
▸ 地块名称
如：1er cru Vaillons。
▸ 酒款名称
如：cuvée Renaissance、cuvée Antoinette。
▸ 如果葡萄酒来自世界各国，还会注明生产国。

如果信息标注不完整怎么办？

你可以询问服务员或者侍酒师。他们一定对自己提供的葡萄酒非常了解。如果他回答不出来，可能表明这家餐厅的侍酒服务不怎么样。

价格浮动

杯装酒

若按比例来计算，杯装酒一般比瓶装酒贵得多，而量却只相当于瓶装酒的 1/6，一杯 12cl 的葡萄酒的售价通常是一瓶葡萄酒售价的 1/4。如果同样的葡萄酒从杯装变成瓶装，你可以计算一下，看看自己是否遇上了一个好商家。

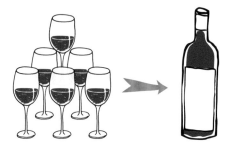

2 或 2.5 倍

餐厅里的瓶装酒

在法国，餐厅里葡萄酒的利润之高是出了名的。平均来说，餐厅老板按购买价的 3 倍出售葡萄酒。我们知道，餐厅从酒庄采购葡萄酒的价格往往比个人购买更加便宜，这样算来，餐厅里的葡萄酒售价大约是酒庄售价的 2 至 2.5 倍。例如，一瓶在酒庄售价为 10 欧元的葡萄酒，到了餐厅的酒单上就变成了 24 欧元。更令人气愤的是，有的巴黎新

潮餐厅的老板会将酒价往上抬高五六倍！这样的情况并不少见。

建议：

手机里有很多应用软件可以帮助你了解一瓶葡萄酒的平均售价。这些软件也可以让你对葡萄酒业内的情况有更多了解。

自带酒水

如果你家里有个品种齐全的酒窖，你可以向餐厅咨询是否允许自带葡萄酒，可以的话。你只付开瓶费就可以了。老板可能会按每瓶 10 欧的价格向你收取开瓶费，不过对于一瓶好酒来说依然是划算的。

侍酒师的职责

在餐厅里，会有一名侍酒师为你服务。他应该亲自为你下单。他的职责便是协助你实现菜品与葡萄酒之间的完美搭配。餐厅里的葡萄酒通常也由他来负责选购。与此同时，他还要确保让顾客享受到完美周到的服务。

一名优秀的侍酒师

- 精通葡萄酒知识但从不卖弄。
- 对酒单上的葡萄酒了如指掌，了解每一款葡萄酒的新鲜度和年份。如果有葡萄酒暂时缺货，应当及时告知客人，并推荐一个合适的替代品。
- 他会是个敏锐的心理专家，简单沟通就能了解客人的需求和喜好。
- 适当探寻客人的需求，以便审慎了解客人的口味。
- 如果客人无从选择，要为他推荐一款葡萄酒。不一定是最贵的，但却是与菜品最搭，也是最符合客人口味。
- 如果客人在两三款葡萄酒之间犹豫不决，要帮助他做决定，如果能对客人的不同需求进行巧妙整合就更好了。
- 从不对客人的选择做出评价。可以给客人提供建议，但不应该让客人感觉自己做出的决定是错误的。
- 如果客人选择的是杯装酒，应该让客人先试饮一下。

侍酒过程

侍酒师应该当着客人的面开瓶。如果葡萄酒已经被提前打开，客人有权认为这是一瓶被之前的顾客退掉的有问题的葡萄酒。在试饮时要提高警惕！

侍酒师会询问由谁来试饮。一般是点菜的人来试饮。你品尝之后，如果觉得满意，侍酒师会首先把酒倒在其他客人的酒杯里，最后才轮到你。

为什么要试饮？

为了看看葡萄酒是否有缺陷：酒中是否有木塞味、氧化味、还原味，侍酒温度是否合适。

 如果葡萄酒染上了木塞味或者已经氧化，客人可以退酒。侍酒师应该再拿来一瓶相同的葡萄酒……而且是未开封的。如果客人尝到了木塞味，侍酒师不能与客人争辩！但是，客人也不必因此而怪罪侍酒师：因为这并不是他的过错。

 如果葡萄酒的侍酒温度太低，要告知侍酒师，因为低温会掩盖葡萄酒的香气。可以让侍酒师适当使用一些温和的方式回温，让葡萄酒的香气绽放。

 如果葡萄酒被还原或者关闭了［没有香气］，要让侍酒师进行醒酒。一名对自己的葡萄酒非常了解的侍酒师会立刻这样做的，或者至少提醒客人需要醒酒。

 如果葡萄酒没有缺陷，只是你觉得它的味道很一般，那么你不能退回葡萄酒。但是你可以与侍酒师交流，了解他推这款葡萄酒给你的原因。

 如果葡萄酒温度过高，向侍酒师要一个盛有冰块的水桶就行了。

读懂酒标

不同的标识

示例一：波尔多葡萄酒的酒标

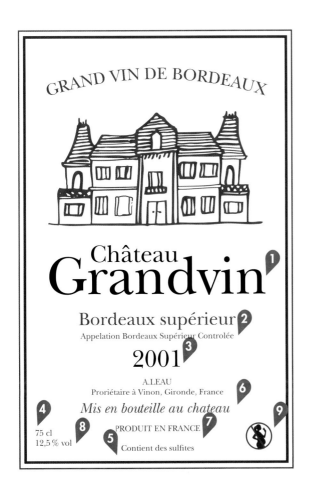

1 **葡萄酒名称：** 在波尔多，这里一般标注的是酒堡名称。实际上，无论是酒侯名称、葡萄园名称、品牌名称，还是酒庄名称，都不是必要的信息。

2 **产区名称：** 这是酒标上必须有的标识。无论是法定产区葡萄酒［AOC］，还是优质产区餐酒［AOVDQS］、地区餐酒［VDP］、日常餐酒［VDT］，都要标示出名称。［本例中的"Appelation Bordeaux Supérieur Controlée"为"超级波尔多法定产区"。］

3 **酿造年份：** 不是必要信息，但可以显示出葡萄收获的年份。

4 **容量：** 酒标上必须注明酒瓶的容量。

5 **硫化物：** 几乎要必须标明，除非该葡萄酒不含硫化物。

6 **装瓶者：** 必须注明装瓶者的姓名［本例中，是"原酒堡装瓶"］。

7 **原产地：** 必须注明，以便出口。

8 **酒精含量：** 必须注明，酒精含量用百分比表示。

9 **孕妇禁饮标志：** 必须注明，除非有其他更加明显的文字标识。

除了以上标识外，还有两点必要的注明：一是生产批号，以确保葡萄酒的可溯性；二是回收环保标志。

示例二：勃艮第葡萄酒的酒标

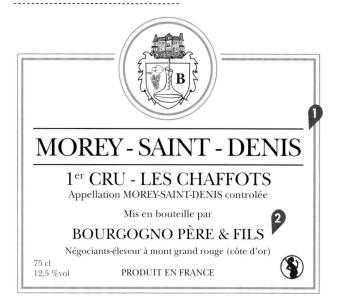

1 产区名称：一级园或特级园的勃艮第葡萄酒有时无需注明勃艮第大区，但应在下面注明具体的产区名称。如果是一级葡萄园，还要标示出气候［即具有独立风土环境的地块名称］。波尔多根据酒堡的声望来为葡萄酒分级，而勃艮第则根据风土条件来划分级别，这就是为什么要区分风土和生产者的原因。［本例中"morey-saint-denis"为"莫雷−圣丹尼产区"。］

2 酒庄名称：这里指生产者［或称酒农］或酒商的名字。

其他可有可无的标识

1 酒庄、酒侯或相关品牌图案标识。

2 生产方式、熟成类型或其他传统标识。如：橡木桶熟成，老藤。

3 采用的葡萄品种名称。

4 所获奖项或荣誉。

5 葡萄酒类型：干、微甜、半甜、甜……只有起泡酒必须在酒标上标注出具体的类型。

背标

为了使酒标的介绍更加全面，一些生产者会在瓶子的背面贴上背标。背标可以起到补充详细信息的作用：

1 酒庄介绍：酒庄的历史、传统、酿酒理念等。［本例描述大概内容为"这座非凡的酒庄至今已有 2000 年的历史，酒庄最初由恺撒大帝建成，他在那时便发现这片土地能够生产出优质葡萄酒。我们的葡萄树平均年龄为 350 岁，全手工采收保证了每一粒葡萄的品质"。］

2 侍酒建议：理想的侍酒温度，建议搭配的菜品，醒酒的必要性。［本例描述内容为"建议你在 14℃的温度下饮用，这款美酒是用来搭配烤鸡和烤鸽配扁豆的佳品"。］

3 附加标志或证书：如 AB，Demeter 及 Biodyvin 等。

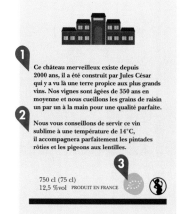

好酒的标志

要学会通过各种标识，寻找精心酿造的高品质葡萄酒。

列级酒［cru classé］：包括阿尔萨斯特级园、波尔多一级至五级庄园，以及中级酒庄、勃艮一级园和特级园。当然，未分级的酒庄中依然不乏顶级好酒。

酒庄装瓶［mis en bouteille à la propriété / au château / au domaine］：当然，酒庄装瓶的也有品质平庸的葡萄酒，产区外装瓶的也有质量上乘的好酒。但一般来说，在种植地装瓶的葡萄酒品质高些。无论如何，尽量不要购买"在生产地区装瓶"［mis en bouteille dans la région de production］的葡萄酒，这意味着葡萄酒是在具体产区之外的地方装瓶的，这样的葡萄酒往往品质平平，并无真正的特色，甚至有可能是劣质酒。

合适的酒精度：不成熟的葡萄果实酿造的葡萄酒度数低，味道酸涩。因此，最好选择酒精度在 12% 以上的红葡萄酒或白葡萄酒。就甜酒而言，一定要选择酒精度在 13.5% 以上的葡萄酒。

酒精度：
最低 12%

酒精度：
最低 13.5%

新颖的背标：背标上标准的描述性语言和经典的酒菜搭配规则通常是由商业团队撰写的，这样的文字不仅乏味无趣，而且千篇一律。如果生产者能以一首原创小诗、博人眼球的信息，或者有关酒侯的奇闻趣事来展现葡萄酒的个性，则会给人带来意外的惊喜。

锡制标签：有些葡萄酒的软木塞上有金属瓶盖保护，瓶封上面会有一个锡制的标识，上面有玛利亚娜的头像，其实，这小小的瓶盖包含了很多珍贵的信息。瓶盖顶上的绿色，代表的是法定产区葡萄酒，蓝色代表的是地区餐酒或日常餐酒，橙色代表的是特殊葡萄酒，如中途抑制发酵的葡萄酒。因此，你最好选择一款绿色标签的葡萄酒。另外，瓶盖上 N、E、R 三个字母同样有着重要含义：它代表装瓶方的称号。N［négociant］代表酒商，E［entrepositaire］代表非酒庄主或中间商，即此酒出自的贸易公司或知名品牌，他们会从葡萄种植者那里采购葡萄或葡萄酒。R［récoltant］代表酒庄主，即负责采收葡萄和酿酒的生产者，代表这是一瓶酒庄酒。

营销方式

酒标上时常出现很多漂亮的标识或者小玩意儿，但不要被这些所迷惑了：这只不过是一种合理的营销手段，用来刺激消费者的购买欲。

波尔多顶级葡萄酒 [Grand Vin]：
这个标识基本上毫无意义！它仅仅是个法定产区的装饰性标志，以表明产区的声誉，但并不是葡萄酒品质的保证。

陈年特酿、顶级佳酿、高级特酿 [Grande cuvée / Tête de cuvée/ Cuvée Prestige]：
如同上述标识一样，这些标识也没有什么实际意义，不必太相信。这样的命名仅仅意味着，它通常是比普通酿造更为优质的葡萄酒，但这样的标识无法取代酒庄的名望。

橡木桶陈年 [或熟成] [Vieilli / Elevé en fûts de chêne]：
这是葡萄酒风格而不是品质的标志。它不是酒标上的必要信息，很多橡木桶酿造的葡萄酒都没有标识出来。另外，我们也无从得知橡木桶的年龄和熟成时长，更无从得知葡萄酒的特点是否能够禁得起大酒桶的考验。因此，如果这个标识过于醒目，你就要谨慎选购了。

老藤 [Vieilles vignes]：
按理说，葡萄藤年龄在 40 年以上的，可以称为老藤，因为葡萄藤的年龄可以影响葡萄酒的口感。但是，一些生产者不假思索地把 20 至 30 岁的葡萄藤也标为"老藤"，因为目前关于老藤年龄的界定没有任何明确的法律规定。

酒标的设计：

一些大胆的生产者会设计一些奇形怪状的酒标，有水滴形的、圆形的、锯齿形的，还有被分割成几块的……还有一些使用看起来老旧的仿羊皮纸酒标，人们对各种酒标的评价不一，不过说到底，酒标的设计只是一种包装而已，与酒的品质并无太大关联。形状各异的酒标想对消费者说的话是：如果你喜欢这款标签，为什么不试一试呢？

图案：

新世界葡萄酒往往用各种创意图案来装饰酒标，它们比的是别出心裁的设计，让葡萄酒看起来更有朝气。有些法国酒标在每个年份都会使用不同的图案。其中，最有名的，也是此类型酒标的先驱者木桐酒庄［Chateau Mouton-Rothschild］，该酒庄每年都聘请当代艺术家在酒标上作画。毕加索、基斯·哈林，或者离我们更近一些的杰夫·昆斯，都曾参与过这项工作。

女性化酒标：

在大型超市里购买葡萄酒的女性消费者甚至比男性还要多。没错，你不必惊讶。因此，女性已经成为葡萄酒营销专家的目标群体。货架上陈列着琳琅满目的带有粉红色酒标的葡萄酒，口感柔顺，比较温和。但实际上，调查显示，女性不太容易受到酒标的影响，她们甚至不喜欢和男性同伴一起进餐时，饮用这种比较有"女人味"的葡萄酒。

其他标识

酒堡或酒庄 [Château]:
"Château" 这个词在瓶身上的使用有着非常特别的法律规定。只有在法定产区，且同时包含葡萄园和酒窖的酒庄，才可以在酒标上使用 "Château" 这个词。所以，像独立制酒商一样，合作酒厂也可以要求在酒标上注明这个词……

合作装瓶:
合作酒厂的葡萄酒有时也标示为 "酒庄装瓶" [Mis en bouteille à la propriété]。不要吃惊，如果酒商在合作酒厂有股份，那么这也是他的产业。

比葡萄酒名称还醒目的标志:
AB 标识 [生态农业标志]、欧盟有机认证标识 [Écocert] 和德米特标识 [Déméter] 通常意味着生产者对土壤和葡萄藤的精心呵护，在葡萄酒酿造过程中也投入了很多精力。生态标识向来得到消费者的高度评价，也是一种营销手段。如果这些标识被刻意放大，可能表明这款酒虽是生态农业葡萄园的产物，但采用的也许是接近工业型的酿酒方式。

迷惑人的名称:
法国有拉菲酒庄 [Château Lafite]，也有拉菲特酒庄 [Château Laffite]。但它们出产的完全不是一个级别的葡萄酒！前者是波尔多顶级葡萄酒之一，一级列级酒庄，价格惊人；后者是圣埃斯泰夫和马迪朗都有的一款非常普通的葡萄酒。

地区餐酒 [VDP]:
地区餐酒是一种很少见的葡萄酒，但有些地区餐酒相当出众，比大部分法定产区葡萄酒都著名。它通常象征着生产者的一种态度或立场，他们甘愿离开法定产区，酿造自己喜欢的葡萄酒，而不必担心违反法定产区的招标细则。有些酿酒师在葡萄酒界享有非常高的知名度，他们会选择法定产区不允许种植的葡萄品种，或是不遵循规定的比例，这种酒只能以地区餐酒的名义销售。然而，这样的葡萄酒价格居高不下，而且在超市很难买到。

购买葡萄酒

居民区里的小超市

几个选购要点

在街道的某家小超市里，葡萄酒是竖直放置的，温度适宜。但有些食品店的存放条件的确不太理想：温度过高，木塞已经变干。如果有可能，不如买一瓶带有螺旋塞的处于"关闭"状态的葡萄酒，在存放条件不佳的情况下，螺旋塞可以很好地保证葡萄酒的密封性。

选什么酒？

不要选择顶级产区的葡萄酒，这样的葡萄酒不仅价格昂贵，而且需要数年的陈年时间，否则红葡萄酒的单宁味太强，白葡萄酒则带有明显的橡木桶的味道。

不妨选择适合年轻时饮用，果香浓郁的葡萄酒

红葡萄酒：卢瓦尔河谷［希农、布尔格伊、Saumur-Champigny］、南罗讷河谷［单宁柔和、度数高］、博若莱［不是博若莱新酒，而是 Brouilly、圣爱或希露博］。西班牙葡萄酒和智利葡萄酒都是不错的选择，口感柔和易饮，价格不贵。

白葡萄酒：忘掉那些酸度高的干白葡萄酒吧，选择柔顺圆润、果香突出的白葡萄酒，如马孔内、普罗旺斯、朗格多克的白葡萄酒。

起泡酒：选择名庄出产的香槟，这样的酒品质可靠。否则，与其选择廉价香槟，不如选择价格偏贵的克雷芒起泡酒。

如果可以的话，优先选择酒庄酒，酒的品质会稳定一些，例如：勃艮第的 Maison Louis Jadot 或 Domaine Bouchard Pere & Fils，朗格多克的 Gérard Bertrand，罗讷河谷的 Chapoutier 或 Guigal。

购买与储存——开启葡萄酒生活

大卖场

在较大的卖场里，葡萄酒的货架层层叠叠，种类成千上万，价格也各不相同。

在超市购买葡萄酒的好处
超市里的葡萄酒除了种类繁多以外 [其中 2/3 的葡萄酒都毫无新意]，吸引我们的是它们的价格：大型超市在商谈购进价格方面非常用心，目的是以低于竞争者的价格出售产品。

弊病
大多数情况下，你在选购葡萄酒时没有人为你指点迷津。

特别推荐

围绕在瓶颈处的小纸环是在向你表明，葡萄酒是由各个品鉴指南精选而出的 [认可或鼎力推荐的]，这些品鉴指南包括：Guide Hachette des vins、Gault Millau、Bettane & Desseauve、La Revue du Vin de France。瓶颈环并不意味着这瓶葡萄酒一定是无与伦比的，但它至少是产品品质一个值得信赖的保证。

红葡萄酒

桃红葡萄酒

得奖酒款

奖章越来越成为装点葡萄酒瓶的新宠。但要注意：不是所有品酒大赛都具有同等的价值。一个不知名的比赛颁发的铜牌完全无法确保葡萄酒的品质。奖章的价值体现在沙龙和大赛的知名度上。Salon des vignerons indépendants、Le Salon de l'agriculture、le Concours général agricole de Paris、Le Concours mondial de Bruxelles 等大赛颁发的奖章是最著名的，值得信赖。但要记住，一瓶获奖的葡萄酒并不一定永远都是同品类中最好的酒，它只是在某一时刻，在若干种葡萄酒当中受到特定人群的好评而已，而且比赛都是需要付费的。

品牌葡萄酒

知名酒庄、合作社和商业品牌的葡萄酒是超市里最常见的，它们是确保品质的放心之选。你会注意到，超市里还有很多葡萄酒品牌是由经销商推出的：卡西诺［Casino］的 Le Club des Sommeliers、欧尚［Auchan］的 Pierre Chanau、科拉集团［Cora］的 L'âme du terroir、家乐福［Carrefour］的 Reflets de France。这些葡萄酒个性不强，但从葡萄酒工艺学的角度而言，它们算得上是做工精良，没有缺陷的葡萄酒。

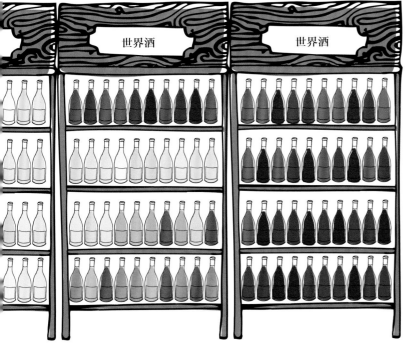

酒庄酒

有时，大型超市也是酒庄的专属零售商，但超市更倾向于与大型生产商合作，这些生产商可以在一年当中向若干家超市供应葡萄酒。这些葡萄酒往往个性相同。因此，如果能在顶级酒庄找到一款与众不同的葡萄酒或者小批量生产的葡萄酒将是一件非常令人兴奋的事。

 扫酒标

你的手机里有这样的软件吗？它记录着各种葡萄酒的信息，可以给你提供指导性的意见［Guide Hachette des vins、Drync、Cor.kz，还有能扫描瓶身条形码的 ConseilVin］。如今，越来越多的酒标上添加了二维码，你也可以扫描二维码，了解更多的产区信息。

酒庄或葡萄酒沙龙

这是你获取葡萄酒信息的最佳去处：因为你可以先尝后买！这也是沙龙的目的所在，这里的酒农可以直接向你展示他们的葡萄酒，甚至在一些小生产者的家里，总摆放着一张桌子和几个酒杯，专供来访者品酒。

价格

从生产者那里直接购买的葡萄酒一般更便宜，因为没有任何中间费用。

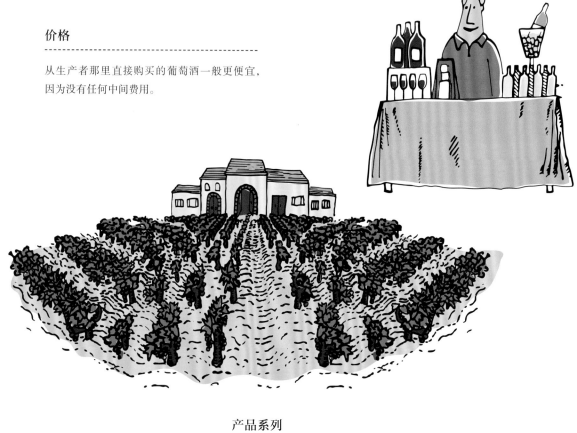

产品系列

每个产区从来都不会只出产一个等级的葡萄酒。它往往提供的是一个系列的葡萄酒和更加复杂的葡萄酒。酒农也可以在不同的地块分别酿造葡萄酒，再根据风土、产区、混酿品种、熟成类型等条件，将葡萄酒分为不同的等级进行销售。在现场购买葡萄酒，你将有机会品尝到同一系列的所有葡萄酒。当然，你不一定非得爱上最贵的葡萄酒。相反，你完全可以对最简单的葡萄酒情有独钟。一名合格的酒农一定会精心对待每一款葡萄酒，无论它是最不惹眼的葡萄酒，还是来自特级园的葡萄酒。一切都无法成为阻止你购买最简单的葡萄酒的理由，第二年，你不妨再来试一试更复杂一点的等级。这是个不错的渐进方式。

交谈

在沙龙上，酒农通常会被参观者团团围住，没有太多的时间交流。但如果你亲自到他的葡萄园里参观，他一定会热情地接待你，与你聊聊他的葡萄酒。

参观酒庄

酒农会亲自向你讲述他的葡萄树的平均年龄、葡萄园土壤的成分、土地的方位、当年的降雨量是多是少，以及他在酒窖的工作情况。这样，你就会明白为什么这个等级的葡萄酒更美味，为什么那个等级的葡萄酒更优雅了。但要注意，你不能利用酒农的好客，占用他太多的时间：与酒农交谈了两个小时，最后却一瓶酒也没买。如果你不打算购买很多瓶酒，一定要事先告知对方。如果不买酒的话，有些酒庄的品尝是收费的。

水平品酒和垂直品酒

水平品酒的意思是品尝同一年份、同一酒庄、不同等级的葡萄酒。这是酒庄里常见的品酒方式，也是检验出自同一生产者之手的一系列葡萄酒的好方法。

"垂直品酒"不太多见，它的意思是品尝不同年份的同一款葡萄酒。不过实际上，也有一些库存充足的酒农会同时销售不同年份的葡萄酒，这种方法有助于了解气象条件对葡萄酒的作用，感受葡萄酒的演变。

 参观葡萄园和酒窖的基本原则

造访前，应事先告知对方。商业酒庄和合作酒窖一般常年开放，无需预约，但小酒农不接待陌生人的临时造访。例如，在葡萄采收期间就不适宜参观。

葡萄酒专卖店 / 酒窖

一名优秀的葡萄酒专卖店的管理者总是热情洋溢，且很健谈。他们是葡萄酒爱好者们最珍视的联系人之一：他会向顾客详细介绍每一款葡萄酒，鼓励顾客品尝原本不想购买的葡萄酒，给顾客带来意外惊喜和重大发现。

特许经营

这是指那些服务于某品牌或某集团的连锁店，如 Nicolas、Le Repaire de Bacchus。酒窖管理者要根据公司列出的名录来选择葡萄酒，还要根据目标消费群体重点推荐一些葡萄酒。尽管与独立经营的专卖店相比，特许经营的专卖店更传统，但它们总能够满足消费者的需求，而且服务人员能够为你的选购做出指导。

一个好的葡萄酒专卖店

▸ 如果你说出了一个价格范围，管理者和服务人员不会引导你购买最贵的葡萄酒，应该为你推荐一款价位适中的葡萄酒。

▸ 如果你向他询问有关一款葡萄酒的信息，他不应该以读酒标的方式来应付你，而是能够说出生产者的名字，如果能再提供一些有关酒农的信息就更好了。

独立经营

独立经营的专卖店管理者可以去酒农家里品尝葡萄酒，他们有时也在自己的店里接待酒农，从酒农那里选择一款或几款葡萄酒，与他商定价格。他可以根据个人的喜好，选择各种各样的葡萄酒：广受好评的葡萄酒、有重要地位的葡萄酒、过时的当地葡萄品种酿造的葡萄酒、不知名产区的葡萄酒、迷人的地区餐酒、有机葡萄酒……他不只是向顾客推荐顶级经典名酒，同时也推荐带给人意外惊喜的葡萄酒。

▸ 他会拿出自己最心爱的葡萄酒介绍给你。他自己也喝酒窖里在售的葡萄酒，而且有自己的偏好。

▸ 他有一些上好的博若莱、蜜斯卡岱、雷司令和国外葡萄酒可供销售。他不应该以名气不大为由对这些酒置之不理：因为每个产区都有非常出色的好酒。

葡萄酒展销会

你有探险家的精神吗？那么你不妨去葡萄酒展销会转一转。葡萄酒展销会已经有 30 多年的历史了，它最早是由法国的超级市场发起的，并且当时的销售额就占据了该超级市场葡萄酒部全年销售额的一半。

运作方式

在法国，葡萄酒展销会一年举行两次，春季和秋季各一次，每次持续两周左右的时间。9 月份的展销会更引人注目：这里有刚刚装瓶的新酒，对于大型超市而言，这是老酒下架、新酒上架的最佳时机，在此期间，各大品牌之间的竞争相当激烈，它们纷纷将利润降到最低点。

想逛逛？

你也可以买一些有代表性的葡萄酒回家尝一尝，选出你心仪的那一款，以后再多买一些。

做准备

不要在毫无准备的情况下就冒然前往！［专业与非专业的］报刊媒体会在展销会期间增加专刊的数量，这有助于我们做出全面的比较，提前做好购买策略。实际上，虽然会有一些葡萄酒只在展销会上供应，但大多数葡萄酒依然是这年冬天尚未卖掉的存货。因此，在疯狂抢购之前做足功课是很重要的。

特惠促销

销量最好的时候往往是第一天……或者是开幕前一天的晚上：前提是你得受到邀请。这并不难实现，一般只要找到一位商场的负责人带你进去就可以了。你一定要迅速行动：大家的手推车很快就会被装满，货架上的葡萄酒也会在很快一抢而空。

· 网 购 ·

网络销售正呈现出迅猛发展的态势。自 2007 年以来，葡萄酒网络销量的年平均涨幅为 33%。结果导致，一些网站关闭的同时，另一些又不断崛起：在法国 325 家葡萄酒电商中，每年都有 7% 的电商倒闭，然后立即被新电商取代。那么我们怎样才能找到可靠的网站呢？

寻找线索

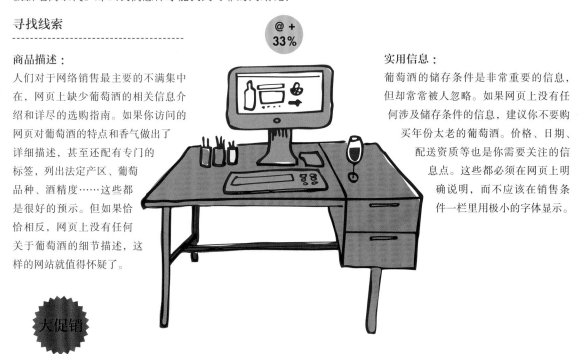

商品描述：

人们对于网络销售最主要的不满集中在，网页上缺少葡萄酒的相关信息介绍和详尽的选购指南。如果你访问的网页对葡萄酒的特点和香气做出了详细描述，甚至还配有专门的标签，列出法定产区、葡萄品种、酒精度……这些都是很好的预示。但如果恰恰相反，网页上没有任何关于葡萄酒的细节描述，这样的网站就值得怀疑了。

实用信息：

葡萄酒的储存条件是非常重要的信息，但却常常被人忽略。如果网页上没有任何涉及储存条件的信息，建议你不要购买年份太老的葡萄酒。价格、日期、配送资质等也是你需要关注的信息点。这些都必须在网页上明确说明，而不应该在销售条件一栏里用极小的字体显示。

虚假促销：

划掉原价，贴上醒目的"大促销"的标签是最常见的营销手段。可这真的划算吗？你一定要到一些专业网站上比价，如 WineDecider、Wine-searcher。如果你不在意包装，这里有一个省钱的小窍门：酒标被污损的葡萄酒往往会低价出售。

推荐的葡萄酒：

你要小心的是卖家推荐的葡萄酒，可能已售罄！很多网站上挂着新酿葡萄酒的图片，而实际处于缺货状态，或者卖家根本无法进到货。已经下单的买家无形中蒙受了损失。

一些常见的网站

值得信赖的酒商：Vinatis、Nicolas、Château Online、Vin-Malin、Millesima

私人售酒：Cave privée、1Jour1Vin、Vente A La Propriété

葡萄酒拍卖：iDealWine

葡萄酒订购：Trois Fois Vin、Amicalement vin、Le Petit Ballon

葡萄酒专卖店：Savour Club、Lavinia、Caves Legrand、La Contre-Étiquette

建造酒窖

在什么地方？预算是多少？

仅需一瓶葡萄酒就可以打造一座酒窖。接下来的一切取决于你拥有的空间和你的预算。最理想的当然是拥有各种类型的葡萄酒，可以满足各种场合的需求。

2 至 5 瓶葡萄酒
你可以购买一些日常饮用的红葡萄酒和白葡萄酒，当作开胃酒或者在临时筹备的晚餐时饮用。尽量选择果香清新，口感宜人的葡萄酒，如卢瓦尔河谷和朗格多克的红葡萄酒、夏布利和普罗旺斯的白葡萄酒。你也要买一瓶起泡酒、香槟或克雷芒，在需要庆祝的时刻开启它。
预算：每瓶 5 至 12 欧。

5 至 10 瓶葡萄酒
不妨用利口酒来充实你的"战利品"，它可以当作餐后甜酒饮用，也可以在某个周日的下午茶时间和朋友们一起饮用。你还要准备一瓶天然甜酒，在聚会结束时打开它，或者献给那些喜欢用甜酒做开胃酒的朋友们［波特酒、里韦萨特麝香葡萄酒］。你还要准备一两款桃红葡萄酒供夏天饮用。最后，你需要准备一款来自知名产区的上等红葡萄酒［也可以是白葡萄酒］。例如，可以是波美侯或圣埃米利永的红葡萄酒，也可以是默尔索的白葡萄酒。这些葡萄酒可以保存数年之久，待你在需要的场合开启它：生日、表白日、重逢的聚餐。
预算：每瓶 5 至 20 欧。

 不要超支！

无论你的账户里有多少钱，永远不要以小小地挥霍一下为借口去购买价格超出预算的葡萄酒。由于这样小小的挥霍，你可能很久都不舍得打开它。而当打开葡萄酒的那一天，由于之前的期望值过高，还可能会感到大失所望。此外，高价葡萄酒一般都需要长期保存，如果不具备理想的储存条件，就会白花冤枉钱。

10 至 30 瓶葡萄酒

是时候该让你的窖藏丰富起来了：要选择不同产地，甚至不同国家的葡萄酒，这样可以享受到不同的乐趣。重点在于这些葡萄酒有着多样的香气和口感：活泼清雅、细腻复杂、强劲浓郁、丝滑醇厚……这样，无论搭配什么样的菜品，在什么样的场合，你总有一款适合的葡萄酒。不要忘了那些稀奇古怪的葡萄酒，它们要么是由罕见的葡萄品种酿造而成，要么源自独特的产区。如果这些葡萄酒有好玩的故事可供分享，或者是使用生物动力法酿造而成的，那就更有趣了。

预算：每瓶 5 至 25 欧

30 瓶以上的葡萄酒

成箱购买 3 至 6 瓶你喜欢的葡萄酒。这样，你将欣喜地看到一系列的葡萄酒随着时间流逝的发展演进，观察葡萄酒在购买后的半年、一年、两年或者更长的时间里是如何发生变化的。

开始关注年份

到了这个阶段，你可能会有一些自己偏爱的酒庄需要定期造访。你每年都从那里购买葡萄酒，观察年份给葡萄酒带来的影响。

选出需要陈年的葡萄酒

将需要尽快饮用的葡萄酒和需要储存的葡萄酒区分开。前者是一种必要的"流动资金"。后者在开启前需要等待数年的时间［有的在 10 年以上］。但你依然需要定期购买这样的葡萄酒。这样，你的手边总能同时拥有年轻的、成熟的、年老的葡萄酒。

预算：没有价格限制。

储存条件

根据储存条件的不同，葡萄酒在瓶中会发生或多或少的变化。储存在 18℃ 环境下的葡萄酒比储存在 12℃ 环境下的葡萄酒衰老更快。不过，正如人类一样，衰老慢的葡萄酒陈年的效果更佳。

为了创造良好的储存条件，酒窖需要遵循以下几条准则：

温度：11℃ 至 14℃ 是葡萄酒得以陈放数十年之久的理想温度。但大多数葡萄酒在 6℃ 至 18℃ 的温度下也可以良好地存放数年。葡萄酒的演进速度因低温而减缓，因高温而加速。根据季节的自然更替，酒窖中的葡萄酒会经历一个生命周期而渐渐老去。尤其要避免温度的骤变，避免将葡萄酒放在暖气、烤箱或其他散热源附近，这些都可能会使酒的品质迅速被损坏。

储存：适合收藏的陈年的葡萄酒一定要躺着放，尤其是带软木塞的处于"关闭"状态的葡萄酒。这样，软木塞可以和酒液接触，保持湿润和密封性。

湿度：湿度是非常重要的储存葡萄酒的因素。如果空气过于干燥，软木塞会收缩干瘪，空气会漏进酒液里。潮湿的空气显然更利于葡萄酒的储存，最好将湿度维持在 75% 至 90%。湿度过高的唯一风险是［这种情况很少见］，木塞发霉，酒标脱落。

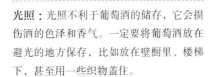

光照：光照不利于葡萄酒的储存，它会损伤酒的色泽和香气。一定要将葡萄酒放在避光的地方保存，比如放在壁橱里、楼梯下，甚至用一些织物盖住。

安静：像人一样，葡萄酒在睡觉时也需要安静。撞击和震动会破坏酒液中的分子，进而损害酒的香气。因此，要避免把葡萄酒放在洗衣机上面或者其他会产生振动的物体上。

难闻的气味：奇怪的是，怪味可以通过木塞渗透到酒里。葡萄酒的储存要远离大蒜、漂白水、臭抹布等。即便是一个湿纸箱，如果罩在葡萄酒周围的时间过长，也会影响酒的香气。

让葡萄酒陈年

你可能会有这样一个疑问：葡萄酒需要陈年吗？实际上，让葡萄酒陈年，首先要知道的是应该在什么时候饮用它。不是所有的葡萄酒都需要陈年。陈年的目的显然是希望等到葡萄酒达到最佳状态时再饮用。如果你在葡萄酒成熟的巅峰期享用它，无论它是 2 岁还是 20 岁，你都将发现一个异彩纷呈的葡萄酒世界。

适合年轻时饮用的葡萄酒

大部分低价葡萄酒、起泡酒、白葡萄酒、桃红葡萄酒、清雅且低单宁的红葡萄酒都适合在年轻时饮用。总之，我们买到的大部分葡萄酒都属于这一类型。这些葡萄酒在青春年少的时候最有活力，衰老后就黯然失色了。

哪些葡萄酒？
由白皮诺、维奥涅尔、长相思、佳美酿造的葡萄酒一般适合年轻时饮用，但也不排除例外情况。
如果葡萄酒相当强劲，你可以尝试存放几年再打开它，那时你将有意外的发现。

适合陈年后饮用的葡萄酒

名贵的葡萄酒通常适合陈年后饮用。它们在年轻时口感强劲，需要时间来释放与缓和，从而呈现出复杂而和谐的香气。

哪些葡萄酒？
适合陈年的红葡萄酒包括：波尔多和勃艮第出产的顶级红葡萄酒，产自埃米塔日、教皇新堡、马迪朗、普里奥拉托产区的红葡萄酒，还有源自西班牙杜罗河岸、意大利巴罗洛和巴巴莱斯科产区的红葡萄酒、葡萄牙的波特酒，以及阿根廷、美国加州、澳大利亚的顶级红葡萄酒。白葡萄酒包括：卢瓦尔河谷和南非的甜型白诗南葡萄酒、勃艮第顶级白葡萄酒、德国雷司令甜白葡萄酒、苏玳甜白葡萄酒、匈牙利托卡伊葡萄酒和意大利麝香葡萄酒。

葡萄酒生活提案

如何知道葡萄酒是否需要陈年？

咨询：你可以向卖给你葡萄酒的酒农或酒商咨询，也可以阅读背标或上网查询。

如何陈年？

使葡萄酒衰老的因素是氧气。但在酒瓶中，总有一些小气泡。它足以使葡萄酒发展成熟，达到生命的顶点，然后慢慢老夫。如果将酒瓶横放，酒液与空气会更加充分地接触，陈年效果更佳。这是葡萄酒应横放储存的一个重要原因。

酒瓶内的空气

气泡的大小在标准瓶和大酒瓶里是一样的，而大酒瓶的容量却是标准瓶的两倍。这就是为什么大酒瓶比标准瓶陈年更慢，储存时间更长……售价也相应更贵。

品酒：如果你有两瓶一模一样的葡萄酒，不妨打开一瓶。葡萄酒似乎还处于"关闭"状态、口感紧实、醇厚，香气不足？显然，它对于这么早就被叫醒感到十分不满。这样的葡萄酒需要等待一段时间才适合饮用。葡萄酒口感强劲，酸度高，单宁突出［针对红葡萄酒而言］？这样的葡萄酒需要再等上几年才能缓和下来。

布置酒窖

在小房间里

房间内的一个壁橱、一间小储藏室，甚至是一个鞋柜和楼梯下的一个带小门的收纳空间，这些地方都可以用来贮存葡萄酒。如果你有一个废弃不用的壁炉，也可以把酒放在里面，那里通常比家里其他地方更凉爽。无论放在哪里储存，最重要的是将酒瓶横放在光线昏暗的地方，远离散热源。如果你有酒瓶架，还要确保它放在阳光照射不到的位置。

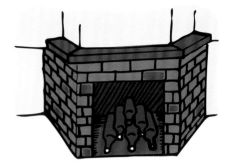

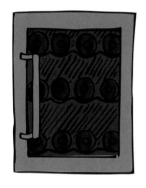

在大房间或独立住宅里

你有一些资金，而且拥有很多瓶葡萄酒，但是没有酒窖？你可以买一个电子酒柜。电子酒柜的体积有大有小［根据型号的不同，可以储藏 12 至 300 瓶葡萄酒］，可以很好地实现窖藏：电子酒柜具有保持湿度、恒定温度、避光的特点。电子酒柜大致有 3 种类型：一般的酒柜，可以将葡萄酒储存数月；恒温的，价格更高，可以维持 12℃的恒温；还有最棒的多功能酒柜，你可以为不同的储藏间设定不同的温度。酒农建议，根据季度的变换将温度调高或调低 2℃至 3℃，目的是在酒柜内模拟季节的自然更替。

在独立住宅里

你既预算充足又有雄心壮志，但就是没有酒窖？你可以自己建立一座酒窖！通过一些改造，为你的葡萄酒布置一间特殊的房间是完全可行的。房间要有良好的密闭性，没有窗户或缝隙，安装一台空调，再放置一桶水作为空气增湿器。最后，还要有一扇坚固的大门和牢靠的门锁。有些企业专门研究圆柱形酒窖的挖掘、建造，及其整体性布局。主人可以通过梯子进入酒窖，有条件的话，还可在房间中央修建一条螺旋形楼梯。这样的酒窖可以存放 500 至 5000 瓶葡萄酒。

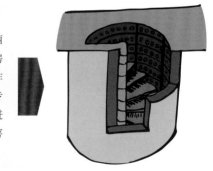

你拥有一座酒窖？

你很幸运……或者说，很有远见。如果它是一座地下酒窖，四周是由石头砌成的厚厚的围墙，酒窖里有平整结实的土地，这一切再好不过了。如果酒窖很现代，是由混凝土铸成的，而且温度很高，怎么办呢？看看能否将它进行单独隔离，甚至安装一台空调。在这种情况下，如果不想花费太多的精力，你可以在每平方米的空间内储存 150 瓶葡萄酒。如果酒窖布置得很合理，葡萄酒可以从地面一直堆到天花板，只留出一条狭窄的过道，那么 4 平方米的空间内可以储存大约 1200 瓶葡萄酒。

如何存放葡萄酒?

可拆式隔板：无论是塑料的还是金属的，可拆式隔板都是成套购买的，可以存放6至12瓶葡萄酒。可拆式隔板的好处是可以实现随意调节，适合放在各种不同的地方。它的缺点是：堆得过高容易倒塌，摔碎酒瓶。

固定的酒架：格子柜一般钉在墙上，它坚固结实，可以很好地保护葡萄酒。你自己就可以把它安装好，格子柜的尺寸可以定做，也可以用专门的架子替代。

原装木箱：如果木质漂亮，可以把箱子放在不太潮湿的地方，但需要注意的是，如果湿度过高，箱子或木头本身可能会发霉，进而把霉菌传染给葡萄酒的木塞。

如何摆放葡萄酒?

按地区：这是传统的摆放方式，它可以帮助你快速找到适合菜品风格的葡萄酒。

酒窖登记簿
这是广大藏酒爱好者的必备物品。

按年份：如果你希望把需要在2年内喝掉的葡萄酒和需要陈放数年的葡萄酒区分开，这是个不错的方法。

按优先级：按照葡萄酒饮用的优先次序排序，这样可以帮助你快速找到需要尽快饮用的葡萄酒。可以将需要陈放数年再饮用的葡萄酒放在最底层或者最高层。

你可以在里面编排出：原产地、年份、酒庄，以及生产者名称、产区、价格、购买日期、购买数量［每打开一瓶葡萄酒后要及时更新］，尤其是酒架上的葡萄酒布局！一本酒窖登记簿可以帮助你快速找到想要的葡萄酒。例如，勃艮第在B4格，朗格多克在B5格，适合年轻时饮用的波尔多在C1格……

便 利 贴

快速记忆
过目不忘

如何组织一场
完美的酒会

如何自信满满地品酒

购买与储存——
开启葡萄酒生活

品种与酿造——
葡萄酒的基因

风土与产区——
葡萄酒的身份

一个合适的酒杯不但能充分释放葡萄酒的香气，而且会使酒的口感更佳。

强劲的葡萄酒应在饭前 3 小时开瓶。

白葡萄酒可以有效清除红葡萄酒留下的污渍。

开启香槟瓶时，不要拔出瓶塞，而是要旋转酒瓶！

斟酒的量不要超过酒杯的 1/3。

新酿制的葡萄酒需要倒入醒酒器中醒酒，陈年老酒则需要滗酒，使酒液与沉淀物分离。

半瓶葡萄酒比只剩一点儿的葡萄酒更容易保存。

在浪漫的晚餐上不宜饮用会将牙齿染黑的红葡萄酒。

对比搭配法会使葡萄酒呈现出新的香气。

快速记忆
如何组织一场
完美的酒会

为葡萄酒快速降温的方法：向水桶中倒入凉水和冰块，再加入一小把盐。

为了避免宿醉，应该在睡前大量饮水。

白葡萄酒的侍酒温度为 8℃—13℃，红葡萄酒的侍酒温度为 13℃—18℃。

低温会掩盖酒香，突出单宁的酸涩感；高温会造成葡萄酒口感厚重、黏腻。

依据色彩和产地相近来搭配酒菜。

油醋沙司不适宜搭配葡萄酒。

侍酒顺序：从酒体轻盈的葡萄酒向酒体浓厚的葡萄酒过度。

一般不会采用红葡萄酒与白葡萄酒勾兑的方法生产桃红葡萄酒。

酒杯上的"酒泪"能够透露葡萄酒的酒精浓度。

酒裙可以透露酒龄与产地。

第一阶段香气是葡萄品种中固有的香气，第三阶段香气则是葡萄酒在酿造或成熟过程中产生的香气。

鼻腔感受的是气味，口腔捕捉的是香气。

年轻葡萄酒散发出春天的气息，老年葡萄酒蕴含着秋天的韵味。

回溯嗅觉是指通过口腔来感受酒香。

起泡酒的气泡数量取决于酒杯的清洁度。

快速记忆
如何自信满满地品酒

厚重、容易上头的葡萄酒是指那些口感肥厚，酒精度高，酸度低的葡萄酒。

还原味是因葡萄酒缺氧造成的。

清爽活泼的葡萄酒是指那些酸度高，酒体纤瘦的葡萄酒。

啜饮是指葡萄酒含在口中的同时吸入一点点空气，有助于酒液在口中更好地释放香气。

单宁在为葡萄酒增加涩味的同时，也建立起葡萄酒的"骨架"。根据品质的不同，单宁可以表现为粗糙的、丝滑的、天鹅绒般的口感。

酸度可谓是葡萄酒的脊柱，决定了葡萄酒的陈年潜力。

葡萄酒的颜色主要来自葡萄果皮，其表面覆盖的果霜中包含着发酵的关键——酵母菌。

生物动力是一种比生态农业更先进的栽培方法，以月亮的运动周期为基础。

葡萄根瘤蚜虫害的罪魁祸首是一种来自美国的蚜虫，人们不得不使用砧木来嫁接葡萄树。

红葡萄酒需要进行苹果酸-乳酸发酵，而大部分白葡萄酒和桃红葡萄酒无需经历这一过程。

有机葡萄酒是生态农业的产物，即在葡萄种植过程中不使用任何化学制剂。

葡萄的颜色在转熟阶段开始发生变化：根据品种的不同，葡萄由绿色变成黄色或者红色。

Jéroboam 是指容量为 3L 的葡萄酒瓶，相当于 4 个标准瓶。

品种是指酿酒葡萄的不同植株种类。

快速记忆
品种与酿造葡萄酒的基因

天然甜酒是在发酵过程中通过添加酒精来抑制发酵的葡萄酒。

酵母将葡萄里的糖分转化为酒精。

酿制白葡萄酒的葡萄无需浸泡，直接压榨；而红葡萄酒的酿制需要将压榨的葡萄汁和葡萄皮、葡萄籽一起浸泡。

香槟的气泡是葡萄酒在酒瓶内直接进行二次发酵的产物。

高杯式修剪适用于树干很短的葡萄树，这种修剪方式在气候炎热的葡萄园里极为普遍。

年份的好坏取决于葡萄树生长的那一年的气象条件。

晚收葡萄是甜葡萄酒的专属。

生长在贫瘠土壤中的葡萄树产出的葡萄酿的酒更好。

品种酒不会展现出葡萄园的风土特点。

风土是葡萄树生长环境的总和，它赋予葡萄酒"典型性"。

快速记忆
**风土与产区
葡萄酒的身份**

石灰质土壤产出的葡萄酒更细腻，黏土产出的葡萄酒更醇厚。

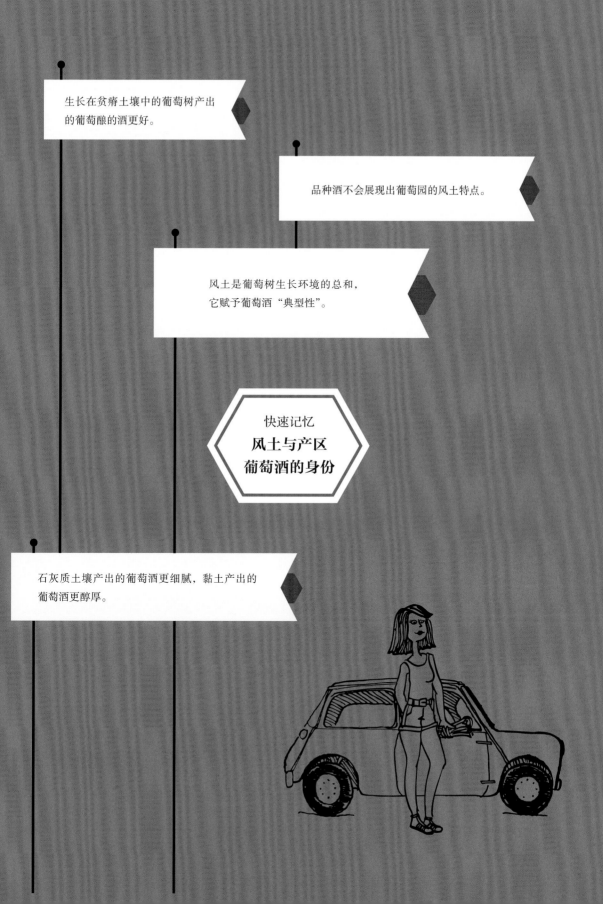

一个废弃不用的壁炉可以用来储存少量葡萄酒。

在陈年之前，想一想这款葡萄酒是否需要陈年。

瓶盖上的字母 N 和字母 E 代表酒商酒，字母 R 代表酒庄酒。

染上木塞味的葡萄酒并不是侍酒师的责任，但他应该毫无怨言地为你更换一瓶同款的葡萄酒。

"Grand vin de Bordeaux" 的字样可以在酒标上任意标注，没有任何意义。

在勃艮第葡萄酒的酒标上，产区比酒庄名称更加醒目，而波尔多葡萄酒的酒标则恰恰相反。

避免在气味不好的地方储存葡萄酒。

在食品店里，最好购买用螺旋塞密封的葡萄酒。

瓶身上奖章的价值取决于颁奖大赛的声望。

快速记忆
**购买与储存
开启葡萄酒生活**

一名合格的侍酒师总会在侍酒前让客人试饮。

背标可以提供关于葡萄酒和种植地的详细信息。

你可以根据产地和年份对葡萄酒进行分类。

酒窖登记簿是管理酒窖必不可少的物品。

葡萄酒沙龙或参观酒庄是品酒、学习葡萄酒的相关知识，以合理的价格购入葡萄酒的最佳途径。

酒标上必须标明葡萄酒的装瓶地点。

酒瓶内的小气泡有助于葡萄酒的陈年。

陈年的葡萄酒需要在避光、凉爽、潮湿、安静的环境下储存。

产区

章节索引

LE VIN C'EST PAS SORCIER by Ophélie Neiman, Yannis Varoutsikos
© Marabout（Hachette Livre）,Paris,2013
Simplified Chinese edition published through Dakai Agency

图书在版编目(CIP)数据

葡萄酒生活提案 /(法) 奈曼著；(法) 瓦卢西克斯绘；刘畅翻译.
— 桂林：广西师范大学出版社,2015.11

ISBN 978-7-5495-7087-4

Ⅰ.①葡… Ⅱ.①奈… ②瓦… ③刘… Ⅲ.①葡萄酒 – 基本知识 Ⅳ.①TS262.6

中国版本图书馆CIP数据核字(2015)第182076号

广西师范大学出版社出版发行

桂林市中华路22号 邮政编码：541001
网址：www.bbtpress.com

出 版 人　何林夏
出 品 人　刘瑞琳
责任编辑　盖新亮
装帧设计　彭振威
内文制作　韩 　凝

全国新华书店经销

发行热线：010-64284815

天津市银博印刷集团有限公司

开本：787mm×1092mm　1/16
印张：13.5　字数：100千字
2015年11月第1版　2015年11月第1次印刷
定价：68.00元

如发现印装质量问题，影响阅读，请与印刷厂联系调换。